온택트미술관

생명과학 이야기

All rights reserved.
All the contents in this book are protected by copyright law.
Unlawful use and copy of these are strictly prohibited.
Any of questions regarding above matter, need to contact 나녹那碌.

이 책에 수록된 모든 콘텐츠는 저작권법에 의해 보호받는 저작물이므로 무단전재와 무단복제를 금합니다.
나녹那碌 (nanoky@naver.com)으로 문의하기 바랍니다.

온택트미술관 생명과학 이야기

펴낸 곳 | 나녹那碌
펴낸이 | 형난옥
지은이 | 이윤호
기획 | 형난옥
편집 | 김보미
디자인 | 김용아
초판 1쇄 인쇄 | 2021년 8월 10일
초판 1쇄 발행 | 2021년 8월 20일
등록일 | 제 300-2009-69호 2009. 06. 12
주소 | 서울시 종로구 평창 21길 60번지
전화 | 02- 395- 1598 팩스 | 02- 391- 1598

ISBN 979-11-91406-01-6 (03470)

온택트미술관

생명과학 이야기

↗ 이윤호 지음

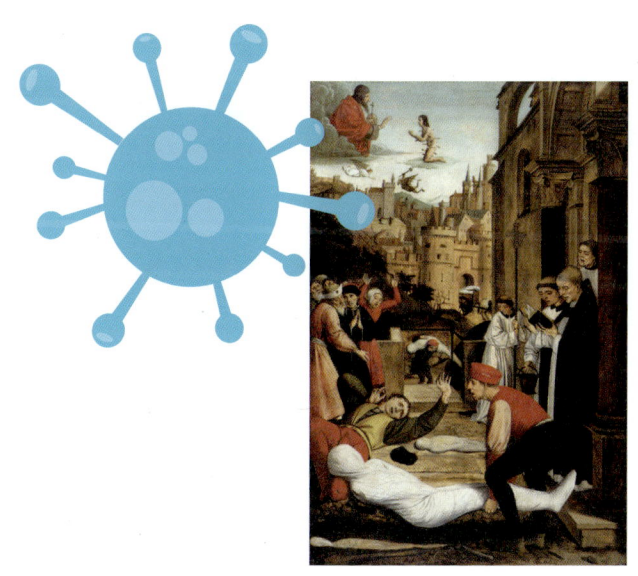

나녹
那碌

머리말

메타버스 시대, 명화로 만나는 생명과학

21세기 코로나는 전 세계를 강타했다. 현대의 고도로 집중된 도시와 교통의 발달은 엄청난 파괴력을 가진 전염병 확산으로 이어졌다. 유럽 등 많은 나라는 모든 사람의 이동을 제한하는 락다운(Lockdown)에 들어갔다. 그런데도 좀처럼 줄어들지 않는 환자로 제대로 대처하기 쉽지 않은 상황이다. 코로나는 과거 전염병 대유행에서 그랬듯 우리에게 새로운 삶의 형태를 요구하게 될 것이다.

이제 뉴노멀(New Normal), 온택트(Ontact)라는 신조어가 낯설게 느껴지지 않는다. 수업도 학교라는 공간에서 벗어나 온라인으로 진행된다. 발빠르게 변화하는 교육 현장에서는 메타버스의 도입을 위한 준비도 한창이다. 직장인도 웬만한 일은 재택근무로 처리할 수 있다. 이젠 은행 업무나 등기부 등본을 열람하던 정도의 정보화 사회 단계를 순식간에 뛰어넘고 있다. 코로나 대유행은 진정한 21세기의 장을 여는 촉매제다.

코로나 시대에는 여행이 자유롭지 않다. 하지만 이 시기 더 손쉽게 떠날 수 있는 여행 방법이 있다. 바로 온라인 세상 속 여행이다. 인터넷 세상과 우리를 연결해 주는 검색 엔진의 위력은 정말 대단하다. 세계 각지에 퍼져 있는 다양한 정보와 손쉽고 빠르게 이어준다. 검색어를 입력하기만 하면 된다. 우선 내가 찾는 작가에 대한 이름 혹은 작품명을 한글로 입력하면, 작가의 본명을 쉽게 알 수 있다. 이 이름으로 다시 검색하면, 전 세계에 퍼져 있는 그 작가의 더 많은 명작을 만나볼 수 있다. AI의 발달로 많은 언어가 바로 한글 번역된다. 이 시대 중요한 점은 인터넷 바다에 흩어져 있는 다양한 정보에 접근하려는 의지다. 찾고자 하는 의지만 충분하다면 책에서만 보던 유명한 명화와 고서를 쉽게 찾을 수 있다.

1 명화로 관찰력을 키운다

과학교육으로 학생이 배워야 할 가장 중요한 기초탐구력은 관찰이다. 하지만 관찰을 제대로 이해하고 탐구 과정에 활용할 줄 아는 학생은 그리 많지 않다. 많은 학부모는 주입식 교육 시대를 거친 탓인지 제대로 관찰한 경험이 부족하다. 아이들은 관찰의 중요성을 과학 시간이 아닌 다른 책에서 주로 접한다. 바로 코란 도일 경의 『셜록홈즈』다. 주인공 명탐정 홈즈는 놀라운 관찰을 시작으로 문제를 인식하고 추리하고 추론하는 능력을 보인다. 홈즈는 늘 왓슨에게 관찰의 중요성을 설명하지만, 왓슨에게는 너무 어려운 일이다. 나도 홈즈처럼 되어야지 하는 마음을 가졌다가도 홈즈나 되니 그렇게 관찰을 할 수 있는 것이라고 쉽게 체념한다. 생명과학에서 생명현상을 관찰하고 추론하는 탐구력은 가장 기초적인 탐구 역량이다. 이런 이유에서 나는 영재원 수업에서 미술 작품을 활용하기 시작했다. 학교 수업에서도 미술 작품을 생명과학 내용과 융합을 시도하고 있다.

자세히 보아야 예쁘다.
오래 보아야 사랑스럽다.
너도 그렇다.

나태주 『풀꽃』

위 시처럼 생명과학이든 명화든 자세히 보고 오래 보아야 한다. 예술가는 오랜 고뇌의 시간을 거쳐 자기 삶에서 얻은 모든 것을 작품에 녹여낸다. 그런 이유에서 작품을 이해하기 위해서는 작가의 생애와 작품의 탄생 배경을 알아야 한다. 작품은 작가와 그가 살던 시대적 배경이 떨어질 수 없는 보이지 않는 끈으로 묶여 있다.

이 책에는 15~20세기의 작품을 주로 다룬다. 서양의 정신은 헬레니즘과 히브라이즘에 뿌리를 두고 있다. 15세기 전 많은 작품은 신화와 종교적 한계를 벗어나지 못했다. 15세기 이후는 14세기 흑사병이 유럽 전역을 강타한 후 변혁의 시대를 거쳐 등장한 르네상스 문화를 시작으로 산업혁명과 과학의 발전이 이루어진 시기와 맞물려 있다.

작품을 자세히 관찰하고 아무리 사소한 요소라도 찾아보려 노력해 보자. 다 그 나름대로 의미가 있다는 점을 이해한다면 그 작품의 작가와 배경을 조사하며 가졌던 의문이 하나둘씩 풀리는 즐거움을 맛볼 수 있을 것이다. 이런 과정은 생명과학에서도 마찬가지다.

2 느끼며 생각하며 창의력을 키운다

진짜 모과는 어디에 존재하는가? 모과는 머릿속에 있다. 나는 머릿속의 이미지를 의식한다. 본다는 것은 외부의 사물 자체를 보는 것이 아니라, 머릿속에서 해석된 그 무엇인가를 보고 있는 것이다. 칸트는 우리가 알 수 있는 것은 현상이며, 사물의 현상 자체를 인식하는 것은 절대로 불가능하다고 설명한다.

세상에는 색이 존재하지 않는다. 색은 빛이 물체에 반사된 현상이다. 빛은 파장과 입자의 특성을 가진 전자기파다. 전자기파는 색

향기가득
▶ 2017/53×45.5cm/캔버스에 유화
▶ 김광한(1974~/대한민국)
▶ 개인소장

이란 특성이 없다. 개, 고양이, 사람은 같은 세상을 모두 다르게 본다. 심지어 박쥐는 소리로 세상을 보기도 한다. 사람은 눈으로 들어온 전자기파가 3종류의 파장을 흡수하는 원추세포에서 시작한다. 신경 세포는 빛의 자극을 활동 전위라는 신호로 뇌로 보낸다. 활동 전위는 0, 1로 된 생체 전기 신호다. 뇌는 눈에서 온 자극을 모두 분해한다. 신경 세포가 처리할 수 있는 최소의 단위로 분리한다. 모과의 색, 모양은 모두 분리된다.

중추신경계인 뇌에는 많은 기능이 각 부위로 분리되어 있다. 시각, 운동, 감각, 청각, 후각을 담당하는 영역이 이미 결정되어 있다. 모과의 시각 정보는 뇌에서 모과의 이미지를 떠오르게 한다.

8세기 파드마삼바바(Padma Sambhava)의 『티베트 사자의 서』에는 "마음이 물질에서 나오는 게 아니라, 물질이 마음에서 나온다."라는 말이 있다. 모과를 보는 각자는 자신의 의식에 개별화된 이미지를 만든다. 모과 작품을 보면 우리의 의식에서 자신만의 모과가 떠오른다. 우리 의식의 내면 깊이 숨겨져 있던 과거 다양한 정보를 불러낸다. 결국 우리는 모과가 가진 향기라는 정보로 자연스럽게 이어진다.

작품은 결국 작가의 내면 의식이 투영된 산출물이다. 작가가 추구하는 삶은 소박하고 겸손함이다. 풍요로운 가을처럼 마음이 풍롭고 넉넉하다. 이를 매개로 "노란 모과가 향기롭다."라는 생각을 의식 속에 떠오르는 순간 작품 속 모과는 또렷한 모과의 모습이 아닌 향기롭게 아른거리는 자신의 마음속 고향이 된다.

이런 작품을 이해하고 느끼는 과정을 영감이라고 한다. 많은 사람이 명작으로 영감을 받는다. 작품의 내면에 숨겨진 이야기를 자신의 머릿속에 그려가는 과정은 하나의 창의적 사고 과정이다. 어릴 때부터 미술 작품을 감상한다면 영재에게 필요한 인성과 창의성 계발에 큰 도움이 된다.

3 생명과학자의 눈으로 작품을 보고 영감을 키운다

이 책은 크게 3개의 장으로 구성되어 있다. '생명을 만나다'로 시작해 '생명이 위협받다'와 '생명을 지키다'로 이어진다. 맨먼저 생명의 기원과 탄생 그리고 죽음에 관해 이야기한다. 두 번째로 생명을 위협하는 인간의 광기, 전염병, 기근 등에 대해 알아본다. 마지막에서는 생명을 위협하는 수많은 요소를 과학자들이 어떻게 헤쳐나갔는지 알아볼 것이다.

생명을 만나다

약 45억 년 전 태양계에 지구가 그 모습을 드러냈다. 그 뜨겁고 역동적이던 어린 지구에 어느 순간 생명의 작은 불씨가 보이기 시작했다. 여리고 여린 그 작은 생명의 불씨는 꺼지지 않고 조금씩 피어났다. 타오르기 시작한 불씨는 점점 바다와 육지로 번졌다. 그리고 어느 순간 지구 전체를 확 덮어 버렸다. 그런 다음 최초의 인간이 지구에 그 모습을 드러냈다. 아프리카에 살던 인류의 한 무리는 살던 곳을 떠나 지구를 여행하기 시작했다. 그렇게 시작된 여행은 유럽으로 아시아로 아메리카로 이어졌다. 남과 여가 만나고 새로운 생명이 탄생했고, 주어진 자기 삶을 살다 죽었다. 사람들은 모여 사회와 국가를 만들었고, 자기 삶을 지키기 위한 끈질긴 노력은 오늘에 이르렀다.

이 장에서는 미켈란젤로의 「아담의 탄생」, 뒤러의 「아담과 이브」, 레레스의 「오디세우스를 보내 줄 것을 칼립소에게 명령하는 에르메스」, 얀 스테인의 「쌍둥이 탄생 축하」, 뒤러의 「계시록의 네 기사」, 루벤스의 「성모 승천」, 다비드의 「알프스를 넘는 나폴레옹」을 중심으로 관련 내용과 작품을 다룰 것이다.

생명이 위협받다

인류가 이어온 삶은 순탄하지 않았다. 하나뿐인 가장 소중한 생명을 지키기 위해 목숨을 걸어야 하는 수많은 파고를 넘어야 했다. 하지만 모두가 자신의 생명을 지키지는 못했다. 일부는 자신이 가진 생명의 불씨를 다음 세대로 전달하지 못했다. 고난과 역경은 많은 이의 생명을 앗아 갔다. 더구나 그 위협은 한번도 멈추지 않았다.

이 장에서는 터너의 「노예선」, 푸생의 「아스도의 흑사병」, 마네의 「올랭피아」, 뭉크의 「병실에서의 죽음」, 실레의 「가족」, 고흐의 「감자 먹는 사람들」, 모네의 「런던 의사당 일몰」을 중심으로 관련 내용과 작품을 다룰 것이다.

생명을 지키다

처음 굴린 작은 눈덩이가 큰 눈덩이로 불어나듯 인간의 미약한 도전은 19세기를 거치면서 그 열매를 맺기 시작했다. 예술가의 눈에 비친 병자들의 연민의 시선도 거둘 수 있게 되었다. 그중 외과 수술에서는 더욱더 극적으로 발전했다. 19세기를 기점으로 소독, 마취, X-선, 수혈 등과 같은 의료 기술의 발전으로 이제까지 불가능했던 수술이 가능해졌다. 하지만 의학 지식의 부족으로 환자와 의사 모두 위험에 처한 모습도 볼 수 있다.

이 장에서는 뒤러의「멜랑콜리아 Ⅰ」, 고야의「리사리요 데 토르메스의 삶」, 필데스의「홀아비」, 고흐의「아를 병원의 병실」, 헤이터의「빅토리아 여왕 대관식 초상화」, 로트렉의「의료 검진」, 에이킨스의「그로스 박사의 임상 강의」를 중심으로 관련 내용과 작품을 다룰 것이다.

끝으로 이 책을 쓰기까지 많은 도움을 주신 따뜻한 마음을 가지신 출판사 나녹 대표와 편집자, 디자이너에게 깊은 감사의 마음을 전한다. 늘 곁에서 함께 미술을 보며 영감을 주는 나의 뮤즈 아내에게도 깊은 사랑을 보낸다.

많은 사람과 내가 받은 영감을 나눌 수 있기를 바라며 이 글을 썼다.

2021년 7월
지은이 이윤호

차례

머리말 메타버스 시대, 명화로 만나는 생명과학 4

1_생명을 만나다

1 생명의 시작을 만나다 17
2 성을 가지고 살아가다 29
3 탄생과 죽음 사이를 살아가다 41
4 한 생명이 태어나다 51
5 죽음이 곁에 있다 61
6 의식을 조정하다 71
7 정치에 관여하다 83

2_생명이 위협받다

1 광기를 드러내다 97
2 세상의 종말을 느끼다 109
3 문란하여 벌을 받다 121
4 연민을 느끼다 133
5 가이아의 공격을 받다 143
6 보이지 않는 손이 역사를 바꾸다 155
7 새로운 위협에 직면하다 165

3_생명을 지키다

1 검은 개를 이기다 179
2 아이를 지키다 191
3 전염병을 추적하다 203
4 손을 씻어라! 213
5 고통이 사라지다 225
6 마법의 탄환을 만들다 237
7 생명을 살리다 247

그림 **류한솔**

대구과학고등학교 졸업.
현재 캐나다 캘거리대학 biomedical engineering
박사과정중

내가 가치 있는 발견을 했다면, 다른 능력보다
참을성 있게 관철한 덕분이다.

- 아이작 뉴턴

1

생명을 만나다

아담의 탄생 The Creation of Adam

예술가 미켈란젤로(Michelangelo Buonarroti/1475~1564)
국적 이탈리아
제작 시기 1511년
크기 280×570cm
재료 프레스코
소장처 시스티나 경당(Aedicula Sixtina/바티칸)

1   생명의 시작을 만나다

이것이 천지가 창조될 때에 하늘과 땅의 내력이니 여호와 하나님이 땅과 하늘을 만드시던 날에 땅에 비를 내리지 아니하셨고 땅을 갈 사람도 없었으므로 들에는 초목이 아직 없었고 밭에는 채소가 나지 아니하였으며 안개만 땅에서 올라와 온 지면을 적셨더라. 여호와 하나님이 땅의 흙으로 사람을 지으시고 생기를 그 코에 불어 넣으시니 사람이 생령이 되니라. (창세기 2:4~7)

16세기 르네상스 시대, 로마 교황청의 권위는 점점 약해지고 있었다. 그런데도 성경의 말씀은 여전히 절대적인 힘을 가진 그야말로 바이블(Bible)이었다. 1508년 교황 율리우스 2세는 미켈란젤로에게 푸른 하늘을 배경으로 금빛으로 빛나는 별들이 그려진 경당의 천장을 성경 내용으로 채우라는 명을 내렸다. 교회의 권위를 다잡기 위한 자구책이었다. 시스티나 경당(Aedicula Sixtina)의 천장은 길이 40.93m, 폭 13.41m, 높이 20.7m에 달하는 거대한 아치형이다. 이런 초대형 캔버스에 성경 말씀을 담은 작품을 그린다면 분명 교회에 대한 경외감을 불러일으킬 수 있을 것이다. 하지만 화가의 처지에서는 엄청난 인내심과 창의성이 요구되는 고행일 것이다.

미켈란젤로는 구약 성경의 내용인 「천지 창조」, 「아담과 이브」, 「노아 방주」를 주제로 각각 3개의 장면을 프레스코 기법으로 그렸다. 프레스코는 'a fresco'(방금 회灰를 칠한 위에) 라는 이탈리아 말로, 르네상스와 바로크 시대에 벽화를 그리는 주된 방법이었다. 석회로 벽을 칠하고 완전히 건조되기 전에 수용성 물감으로 그림을 그린다. 하루에 그릴 수 있는 분량이 매우 제한적일 수밖에 없다. 미켈란젤로는 1508~1512년의 단 4년 동안 홀로 그 넓은 공간을 엄청난 집중력과 인내심으로 채워나갔다. 그뿐 아니라 시대를 뛰어넘는 예술적 창의성을 새겨 놓았다.

만약 당신이라면 가장 눈이 가는 천장의 정중앙에 성경의 어떤 부분을 어떻게 표현할 것인가? 미켈란젤로는 「아담의 창조(The Creation of Adam)」를 한가운데 그려 넣었다. 그는 성경 내용 그대로 기존 방식으로 표현하고 싶지 않았을 것이다. 그렇다고 시대 상황상 완전히 색다르게 표현하는 것도 쉬울 리 없었다. 성경 말씀에 따르면 「아담의 창조」는 하나님이 아담을 흙으로 만들고 코로 무언가를 불어 넣는다. 하지만 미켈란젤로는 모든 이의 상상을 뛰어넘었다. 조각가 미켈란젤로는 자신의 창의성을 집약해 미술사에 길이 남을 걸작 시스티나 경당의 천장화를 완성했다.

「아담의 창조」 속 아담은 마치 슈퍼맨이 크립토나이트로 힘이 빠져버린 듯한 모습이다. 몸은 완벽한 근육질이지만 힘없이 처진 팔은 무릎으로 받쳤고, 손목조차 들어 올릴 힘이 없다. 이에 반해 여호와 하나님은 머리카락과 수염을 흩날리며 영화의 결정적 장면처럼 힘차게 날아와 손을 뻗고 있다. 여호와가 내민 손가락이 아담의 손가락에 닿으면 마치 번개가 칠 것 같은 찰나다. 마치 21세기 슈퍼히

피에타 Pietà
- 1498~1499/174×195×69cm/대리석
- 미켈란젤로
- 성 베드로 대성당(St. Peter's Basilica/바티칸 시국)
- 미켈란젤로가 유일하게 서명을 남긴 작품

어로 영화의 한 장면 같은 착각마저 든다.

  미켈란젤로가 이렇게 역동적인 장면을 표현할 수 있었던 것은 그가 만든 조각상들을 보면 조금이나마 이해가 간다. 초기 작품「피에타」는 십자가에 매달려 죽은 예수 그리스도가 성모의 무릎에 놓인 모습을 완벽하게 표현했다. 자신의 소임을 다한 후 편안한 예수의 얼굴과 이를 지켜보는 여린 성모의 모습은 이성과 예술로 완벽한 조화를 이루고 있다. 또한「다비드상」은 성경에서 거인 골리앗을 쓰러뜨린 다비드를 4.2m 높이의 거대한 작품으로 표현했다. 그 당시 많은 예술가들이 이렇게 큰 조각상 제작에 난색을 보였다. 동상이

커지면 몸의 비례에 맞게 작품을 제작해도 아래에서 감상하는 사람의 눈에는 비례가 깨질 수밖에 없기 때문이다. 더군다나 다비드상은 지상이 아니라 50m 높이에 있는 피렌체 대성당의 지붕에 설치될 예정이었다. 미켈란젤로는 크기와 높이의 문제를 실제 인체 비율보다 얼굴과 손을 더 크게 만들어 다비드의 용맹한 육체와 균형 잡힌 자세를 표현했다. 이를 본 사람들은 작품이 너무 뛰어나다며 성당 지붕이 아니라 피렌체 시뇨리아 광장에 전시하도록 요구했다. 미켈란젤로는 조각상을 만들려고 그리스·로마의 수많은 조각상을 연구했다. 또한 인체의 가장 근본적인 구조를 이해하려고 해부학에 심취했다.

  수많은 사람이 시스티나 경당의 천장화를 보면서 그 예술성에 감탄하느라 이성을 놓아버린다. 하지만 직업상 작품 속 특이점을 발견하는 외과 의사들이 있었다. 그중 질송 바헤토는 이탈리아를 여행하면서 「원죄」 부분에서 대동맥궁의 형태를 발견했다. 하지만 착시려니 하면서 대수롭지 않게 넘겨 버렸다. 그후 프랭클린 메시버거(Frank Lynn Meshberger, MD)는 1990년 미국의사협회학술지(JAMA)에 '신경해부학을 바탕으로 한 미켈란젤로의 아담 창조에 대한 연구(An Interpretation of Michelangelo's Creation of Adam Based on Neuroanatomy)'라는 논문을 게재했다. 「아담의 창조」를 신경해부학적 관점에서 설명한 이 논문은 질롱 바헤토가 미켈란젤로의 천장화를 다시 조사해보는 계기가 되었다. 그 후 그는 마르셀로 G. 올리베이라와 함께 『미켈란젤로 미술의 비밀』을 출간했다. 그들은 미켈란젤로의 작품 38개 영역 중 34개에서 사람의 장기와 닮은 모습을 찾을 수 있었다. 이로써 미켈란젤로는 해부학자로 재발견되었다.

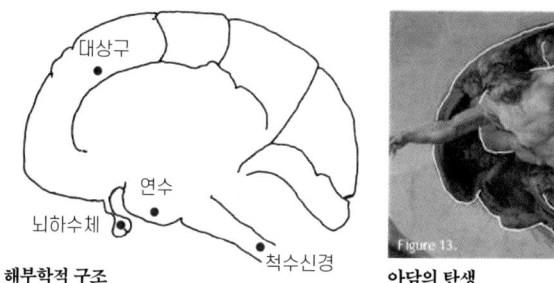

해부학적 구조 **아담의 탄생**

▶ 해부학적 관점에서 뇌의 형태와 겹쳐 비교할 수 있다. ⓒJAMA, October 10, 1990–Vol 264, No. 14

　미켈란젤로는 생명의 탄생을 표현하면서 생명을 구성하는 기관의 형태를 빌렸다. 「아담의 창조」에서 오른쪽 여호와 하나님은 여러 천사와 함께 붉은 망토를 두르고 있다. 그 모습은 뇌의 단면 구조와 매우 흡사하다. 망토와 접힌 선은 두정엽과 측두엽 분리선, 조물주의 어깨선은 대뇌 피질과 속질 윤곽, 아랫부분의 다리와 흩날리는 천은 척수와 동맥과 유사한 모습이다. 이처럼 「아담의 창조」를 표현하기 위해 미켈란젤로는 분명 뇌의 형태를 빌린 것이 분명하다. 이는 신이 아담에게 불어넣으려 한 '생령(生靈)'이 결국 지성일 것이라는 그만의 해석을 담은 것이라 볼 수 있다.

　이 작품에는 재미있는 장면이 또 하나 있다. 여호와의 왼손에는 한 여인이 무언가 궁금한 듯 얼굴을 삐죽 내밀고 있다. 여인은 아담을 바라보고 있다. 아담의 시선도 하나님으로부터 생령을 받는 그 중요한 순간 그녀를 바라보고 있다. 이 여인이 바로 이브다.

　인간의 학명은 호모 사피엔스(*Homo sapiens*)다. 이는 '생각하는 사람'이라는 라틴어로 1758년 분류학의 아버지 린네가 명명한 학명이

데우칼리온과 피라 Deucalion and Pyrrha
- 1636/26×41cm/패널에 유화
- 루벤스(Peter Paul Rubens/ 1577~1640/이탈리아)
- 프라도 미술관(Museo del Prado/스페인)

다. 사람은 자신에게 부여된 학명처럼 항상 근본에 대해 생각하고 질문해 왔다. 그 문제에 대한 호기심으로 문화를 만들고 계승하며 문명을 발달시켰다. 하지만 많은 질문이 여전히 답을 얻지 못하고 있다. 그중 하나가 '우리는 어디에서 왔는가?'이다. 이 질문은 여러 종교의 중심에 있다. 그리스·로마 신화에도 이 문제의 해답을 제시하려는 신화를 찾을 수 있다.

　신을 믿지 않은 인간에게 크게 노한 제우스는 대홍수를 일으켜 인간을 모두 수장한다. 하지만 신에 대한 믿음이 강했던 노부부 데우칼리온과 피라에게는 방주를 만들게 하여 재앙을 피하도록 했다. 여기까지는 성경의 노아의 방주와 비슷하다. 구원을 받은 노부부는 제우스에게 감사의 제사를 올렸다. 제사 중 제우스는 그들에게 가이아의 뼈로 다시 사람을 만들라는 신탁을 내렸다. 신도 자신을 숭배할 사람이 필요했을 것이다. 하지만 가이아의 뼈라는 수수께끼를 풀기 위해 노부부는 깊은 고민에 잠겼다. 결국 대지의 여신 가이아의 뼈는 딱딱한 돌이라 생각하고 돌을 들어 등 뒤로 던졌다. 던져진 돌들은 말랑말랑해져 사람의 몸으로 변했고, 대지를 딛고 일어섰다. 이때 남편 데우칼리온이 던진 돌은 남성이, 부인 피라가 던진 돌은 여성이 되었다고 한다.

루벤스의 작품 「데우칼리온과 피라」는 신화 속 상황을 역동적으로 표현하고 있다. 이 장면에서 두 가지 의문이 든다. 하나는 "왜 하필 돌을 등 뒤로 던졌을까?" 그리고 다른 하나는 "그리스인은 어떻게 가이아의 일부를 던지면 생명이 탄생한다고 상상했을까?"이다. 첫째는 그 시대 사람이라면 아이가 만들어지고 태어나는 원리를 과학적으로 알지 못했다는 점에 답이 있다. 생명의 탄생은 신에 의한 신비로운 현상이었다. 즉 생명이 탄생하는 과정을 인간이 직접 보지 못했음을 은유적으로 표현했을 것이다. 두 번째는 몸 일부가 떨

루이 파스퇴르 Louis Pasteur
▶ 1885/154×126cm/캔버스에 유채
▶ 알버트 에델펠트(Albert Edelfelt/ 1854~1905/핀란드)
▶ 오르세 미술관(Musée d'Orsay/ 프랑스 파리)

어져 나와 새로운 개체가 될 수 있음을 경험적으로 알고 있었다. 많은 생명체가 몸 일부가 새로운 개체가 되는 무성생식을 한다. 특히 식물에서는 매우 흔하며, 동물에서도 그리 드문 현상은 아니다. 교과서에 자주 등장하는 흥미로운 생물인 플라나리아는 몸을 반으로 자르면 두 마리가 된다.

성경 속 아담의 창조와 그리스·로마 신화의 데우칼리온과 피라 두 내용에서 생명과학적으로 중요한 시사점은 인류가 상상할 수 있는 생명의 시작점이 흙이나 돌 같은 무기물이라는 것이다. 생명이 없는 상태에서 새로 시작된다면 결국 땅에서 발생한다는 설명은 가장 자연스럽고 설득력이 크다. 쓰레기 더미에서 어느 순간 파리가 생기고, 진흙이나 개펄 속에 보이지 않던 새우나 장어가 잡히는 것을 설명하기에 상당히 유용한 가설이다. 이처럼 자연발생설은 생명의 발생이나 형성과정을 못본 상황에서 오랫동안 생명의 기원을 설명하는 가장 기본적인 가설이었다.

자연발생설은 아리스토텔레스가 주장한 이래 중세 유럽의 생명발생에 대한 지식의 토대가 되었다. 이 가설은 1861년에 와서야 루이 파스퇴르(Louis Pasteur, 1822~1895)의 논문 「자연발생설 비판」에 의해 바뀌었다. 파스퇴르는 생물은 생물에서 생긴다는 생물속생설을 주장했다. 생명체가 있으려면 그 생명체의 조상이 있어야 한다는 것은 당연해 보인다. 하지만 이 가설은 결국 최초의 생명체 탄생은 설명하지 못한다.

45억 년 전 원시 태양계의 먼지와 가스 속에서 지구가 태어났다. 막 태어난 어린 지구에는 지금처럼 생명이 살 수 있는 산소도 없었고, 따뜻한 기후도 아니었다. 원시 지구 그 어느 곳도 어떤 생명체도 존재할 가능성이 없었다. 그런 원시 지구가 시간의 강을 따라 현재 모습으로 변했다. 시간의 강을 거슬러 올라가다 보면 어느 순간 인류의 조상을 만나겠다. 인류의 조상도 부모는 있을 것이다. 하지만 과거로 거슬러가면 갈수록 그 부모의 모습은 우리와는 매우 다를 것이다. 그렇게 거슬러가면 어느 순간 최초의 생명체를 만날 수도 있겠다. 혹 최초의 생명체를 만난다면 그것이 생명체인지 확인하기조차 어려울 것이다. 타임머신으로 최초의 생명체를 찾는 여행을 한다면 그것은 외계 생명체의 흔적을 찾는 화성 탐사와 비슷할 것이다.

어떤 물체를 생명체로 판단하는 것은 간단한 문제가 아니다. 과학자는 생명의 정의를 아직 내리지 못하고 있다. 다만 생명체가 가진 여러 특성으로 생명체를 설명한다. 생명의 특성은 크게 개체의 유지 존속을 위한 특성과 종의 유지 존속을 위한 특징으로 나눌 수 있다. 개체의 유지 존속을 위한 특징은 세포로 이루어져 물질대사를 하며 생장과 분화를 하면서 일정한 형태를 만들고, 자극에 반응하며, 항상성을 유지해서 개체로 살아간다는 것이다. 종의 유지 존속을 위한 특징은 자신과 같은 개체를 남기고 환경에 적응과 진화하는 특성을 말한다. 이런 특징들은 생명체에게 모두 나타날 수도 있고, 일부만 나타날 수도 있다. 특히 코로나19와 같은 바이러스는 생물적 특성과 무생물적 특성 모두를 가지고 있다.

과학자는 최초 생명체가 발생한 유력한 장소로 심해 열수공을 주목하고 있다. 생명체를 만들려면 원시 지구에 유기물 생성이 필요하다. 유기물이 모이고 서로 연결되어야 유기체가 되기 때문이다. 레고로 집을 만들기 위해 작은 레고 블록이 필요한 것과 비슷하다. 심해 열수공 주변은 300~400℃로 매우 뜨겁고, 강한 산성 물질이 많은 곳도 있고, 40~90℃로 온화한 온도에 pH 8~9로 염기성 물질이 나오는 곳도 있다. 심지어 심해 열수공 주변에는 전기가 방출되기도 한다. 과학자는 풍부한 산성, 염기성 물질과 전기의 상호작용으로 유기체를 구성하는 유기물이 만들어질 가능성에 주목한다. 심해 열수공은 현재 세계적으로 500개 이상 있고, 과거에도 많았다. 심해 많은 곳에서 유기물이 합성되고, 이 기간이 수 억 년 이어졌다.

바닷속 유기물은 레고 블록과 같이 결합하고 또 결합하면서 작은 단량체가 큰 다량체로 합성되었다. 다양한 종류의 풍부한 단량체의 결합은 다양한 다량체로 이어졌을 것이다. 이런 무작위적 만남이 쌓여 어느 순간 RNA, DNA와 같은 물질이 되었고, 그 물질에 생명에 가장 중요한 유전 정보가 담기기 시작했다. 그 정보 또한 서로 결합하면서 변화의 속도를 더욱 높였을 것이다. 생명은 그 어느 시점에 시작했다. 일부 과학자는 자연발생설을 부정하고 지구 생명체가 우주에서 왔다는 배종발달설이나 포자범재설을 주장하기도 한다. 하지만 결국 이 주장은 앞에서 언급한 내용의 도돌이표밖에 되지 않는다. 생명의 근원을 설명할 수 없다.

2016년 알파고와 이세돌의 대결이 있었다. 그 후 딥마인드 기술을 이용한 인공 지능 프로그램은 비약적 발전을 거듭했고, 2019년에는 인공 지능 '알파스타'가 심지어 스타크래프트2에서도 인간에 완승했다. 이제 인공 지능은 모든 게임에서 인간을 넘어섰다. 인공 지능은 정보로 된 프로그램이다. 이 프로그램은 인터넷이라는 바다를 떠다닌다. 이 정보의 바다에서 어느 순간 프로그램과 프로그램이 결합하고 새롭게 진화한다면 어떻게 될까? 이제 이 사이버 바다에서 유기체의 DNA 속에 있는 A, T, G, C가 아닌 0과 1로 이루어진 정보를 가진 새로운 생명체가 태어나는 날이 올지도 모른다.

    광고나 영화에서 「아담의 창조」를 많이 차용한다. 이 작품이 후대에도 관심과 사랑을 받는 이유는 기존 관념을 뛰어넘는 상상력과 창의력 그리고 그것을 표현하려는 끝없는 연구와 희생이 있어서다. 「아담의 창조」에 미켈란젤로가 생명력을 불어넣어서일지도 모른다.

 **아담과 이브** Adam and Eve

예술가 뒤러(Albrecht Dürer/1471~1528)
국적 독일
제작 시기 1507년
크기 209×81㎝와 209×83㎝
재료 패널에 유화
소장처 프라도 미술관(Museo del Prado/스페인 마드리드)

2 성을 가지고 살아가다

> 나는 여자가 무엇을 할 수 있는지 보여줄 것입니다. 당신은 시이저의 용기를 가진 한 여자의 영혼을 볼 수 있을 것입니다.
> – 아르테미시아 젠틸레스키가 한 고객에게 보낸 편지 중

알브레히트 뒤러는 '독일 미술의 아버지'로 불린다. 이탈리아를 여행하고 돌아와 북유럽에 르네상스 시대를 연 장본인이다. 뒤러는 시각적으로나 이성적으로나 명확한 표현력을 원했고 창조적 예술가이고 싶었다. 그는 작품 속에 원근법, 황금비 등 자연에 숨겨진 질서와 조화를 표현하고자 했다. 작품에 등장하는 인물 특히 자화상은 후대 모든 인물 작품에 토대가 될 이상적인 형태를 갖추겠다는 야망을 표출했다.

이탈리아를 두 번째 방문하고 돌아온 뒤러는 창세기에 나오는 이브가 원죄를 저지르는 내용을 담은 작품 「아담과 이브」를 그렸다. 이 작품의 가장 독특한 점은 독일 회화 역사상 처음으로 인물을 실물 크기로 그린 누드화라는 것이다. 젊고 매혹적인 이브는 왼손으로 뱀에게서 선악과를 받고 오른손으로는 가지를 내려 아담에게 선악과를 살며시 건네고 있다. 혈기 왕성한 청년으로 표현된 아담은

이브에게 홀린 듯 그녀가 건네는 가지를 두 손가락으로 잡고 있다. 아담의 눈은 이브의 눈을 피할 수 없다. 이 장면은 인간이 원죄를 저지르고 에덴동산에서 내쳐질 파멸적 상황을 만든 주체가 이브라고 말한다. 이브는 아담을 파멸로 이끈 팜 파탈(femme fatale, 요부)이다.

> 여자가 그 나무를 본즉 먹음직도 하고 보암직도 하고 지혜롭게 할 만큼 탐스럽기도 한 나무인지라 여자가 그 열매를 따 먹고 자기와 함께 있는 남편에게도 주매 그도 먹은지라 이에 그들의 눈이 밝아져 자기들이 벗은 줄을 알고 무화과나무 잎을 엮어 치마로 삼았더라(창세기 3:6~7)

에덴 동산에서의 몰락과 추방 The Fall and Expulsion from Garden of Eden
- 1509~1510/280×570cm/프레스코
- 미켈란젤로(Michelangelo/1475~1564/이탈리아)
- 시스티나 경당(Sistine Chapel/바티칸 시국)

미켈란젤로의 작품 「에덴 동산에서의 몰락과 추방」처럼 아담과 이브는 자신들이 저지른 원죄로 에덴 동산에서 추방될 것이다. 여기서 주목할 점은 두 작품의 묘사가 많이 다르다는 것이다. 성경에 기록된 아담과 이브의 모습이나 그들이 살았던 에덴동산을 본 사람

은 아무도 없다. 선악과가 사과처럼 생긴 과일인지도 알 수 없다. 뒤러가 「아담과 이브」를 사실적으로 그렸는 말은 결국 그릴 당시의 이상적 생각을 표현한 것에 불과하다. 지금 우리가 아담과 이브를 그린다면 어떤 모습으로 표현할까?

20세기 말 실제 이브를 추적하려는 연구가 진행되었다. 이 연구에 사용된 것은 세포의 DNA다. DNA는 생명의 역사가 기록된 일종의 타임캡슐이다. 과학의 발달로 과학자들은 이 타임캡슐을 열어 그 내용을 들여다볼 수 있게 되었다. 연구자가 사용한 DNA는 우리가 흔히 알고 있는 핵 속에 든 DNA가 아니었다. 세포 소기관인 미토콘드리아(mitochondria)에 들어 있는 mtDNA이었다. 미토콘드리아는 과거 박테리아의 한 종이었다가 어느 시기에 세포 안으로 들어와 공생하게 되었을 것으로 추측한다. 이 미토콘드리아를 연구에 사용한 가장 중요한 이유는 정자와 난자가 만나 수정란을 만드는 과정에서 난자 속의 미토콘드리아는 남고 정자의 것은 제거된다는 점이다. 결과적으로 사람의 미토콘드리아는 모두 모계를 따라 이동한다. 즉 내가 가진 mtDNA는 모두 어머니 그리고 어머니의 어머니로 이어진다. mtDNA에 기록된 정보를 열어보면 우리 모두의 기원인 최초의 어머니 즉 이브를 찾을 수 있다는 것이 연구자의 가설이다. 과학자들은 최초의 미토콘드리아를 가진 이 가상의 이브를 '미토콘드리아 이브'라고 명명했다. 연구자는 다양한 지역의 인종이 가진 mtDNA 염기 서열을 비교하였고, 미토콘드리아 이브가 약 15~20만 년쯤 아프리카에 살았다는 결론에 도달한다. 즉 에덴동산이 아프리카에 있었다는 말이다.

한 무리의 부족이 어떤 이유에서 에덴동산을 떠나 새로운 삶

장소를 찾아 나섰다. 아프리카에서 시작된 인류의 이동은 지구 곳곳으로 흩어져 현재의 흑인, 백인, 황인종이라는 다양한 인종으로 이어졌다. 연구자는 인류가 호모 사피엔스라는 단일 종임을 지적한다. 세계 곳곳에서 이루어지는 인종 차별의 기준은 무의미함을 알 수 있다. 이 연구 결과가 실린 1988년 「Newsweek」 표지는 뒤러가 그린 이상적인 이브의 모습이 단지 그들만의 이상향임을 보여준다. 과학자의 이성으로 찾은 아담과 이브의 모습은 고수머리에 유색인이다.

사실 이 연구 결과를 반박하는 사람은 많다. 과학적으로 이 미토콘드리아 이브는 여성 무리 즉 유전자 풀을 의미한다. 한 명의 여성을 이브라고 단정할 수는 없다. 과학적으로 mtDNA가 완벽히 모계로 유전되는 것도 아니다. 하지만 인류학자와 다른 분야 학자들의 연구 결과와 많은 지점에서 일치하므로 지금까지 많은 지지를 받는 이론임에는 분명하다.

삼손은 당나귀 턱뼈 1개만으로 팔레스타인 병사 천여 명을 죽일 정도로 이스라엘 최고의 전사이자 판관이었다. 팔레스타인 왕은 이런 삼손을 제거하고 싶었다. 이를 위해 왕이 동원한 계략은 미인계, 바로 데릴라(Delilah)였다. 팔레스타인인 그녀는 모든 남성을 매혹할 아름다운 외모를 지녔다. 루벤스는 데릴라가 삼손을 유혹하는 모습을 「삼손과 데릴라」에 바로크 양식으로 풍만하게 표현했다. 삼손의 등과 팔은 울퉁불퉁한 근육질이지만 사랑하는 데릴라의 치마폭에서 평화롭게 잠들었다. 삼손의 등에 살포시 손을 올린 그녀는 애처로운 눈빛으로 머리카락이 잘려 나가는 삼손을 사랑의 여운이 남은 듯 바라보고 있다. 지금 이 순간 그녀는 팜 파탈이다. 이 시간이 지나면 삼손은 모든 것을 잃고 나락으로 떨어질 것이다.

삼손과 데릴라 Samson and Delilah
- 1604~1614/50.5×52.1cm/패널에 유화
- 루벤스(Peter Paul Rubens /1577~1640/벨기에)
- 신시네티 미술관(Cincinnati Art Museum/미국 오하이오)

문 뒤 어둠 속 병사들은 곧 삼손에게 달려들어 두 눈을 뽑아 버릴 것이다. 이제 삼손을 기다리는 것은 비참한 노예의 삶이다. 루벤스는 이 긴박한 상황을 노파의 촛불 아래에 집중하도록 표현하였다.

성경에는 이런 팜 파탈이 여럿 등장한다. 살로메는 헤로디아와 그녀의 삼촌인 헤로데 2세 사이에서 태어났다. 그 후 이혼한 헤로디아를 또 다른 삼촌인 헤로데 안타파스가 왕비로 삼으려 하자 세례자 요한은 모세의 율법에 어긋나는 결혼을 반대했다. 왕은 요한을 제거하고 싶었지만, 아무리 왕이라도 추종자가 많은 요한을 쉽게 죽일 수 없었다. 결국 왕은 요한을 감옥에 가두어버렸다. 살로메는

살로메 Salome
- 1870/160×102.9cm/캔버스에 유화
- 앙리 르뇨(Henri Regnault/1843~1871/프랑스)
- 메트로폴리탄 미술관(The Met/미국 뉴욕)

이런 요한을 흠모하고 있었다. 하지만 요한이 살로메의 사랑을 받아들일 리 만무했다. 살로메는 사랑의 깊이만큼 강력한 앙심을 품게 되었다. 헤로디아는 이런 살로메에게 왕을 기쁘게 할 만한 매혹적인 춤을 추도록 하였다. 이에 반한 안타파스는 살로메에게 소원을 하나 들어준다는 약조를 한다. 왕비와 한통속이던 살로메는 왕에게 요한의 목을 선물로 요구하고, 결국 요한은 처형된다.

앙리 르뇨(Henri Regnault)의 「살로메」에서 살로메는 몸이 비치는 화려한 무희 옷을 입고, 알 듯 모를 듯 묘한 미소를 띠고 있다. 그녀의 무릎에는 요한의 목을 벨 멋진 칼과 머리를 담을 반짝이는 쟁반이 놓여 있다. 요한의 죽음을 앞둔 상황에서 그림의 배경은 금빛 찬란하다.

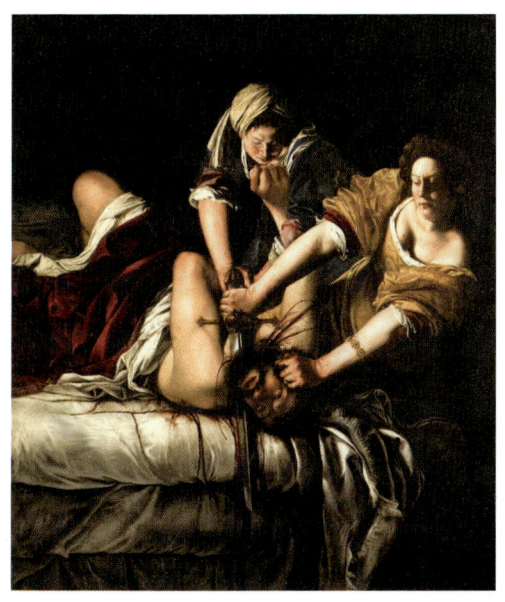

유디트와 홀로페르네스

Judith Beheading Holofernes
▶ 1614~1620/199×162cm/캔버스에 유화
▶ 아르테미시아 젠틸레스키(Artemisia Gentileschi /1593~c.1656/이탈리아)
▶ 우피치 미술관(Galleria degli Uffizi/이탈리아 피렌체)

　아시리아 네부카드네자르 대왕의 장군 홀로페르네스가 유대 도시 베툴리아(Bethulia)를 침략했다. 장군은 도시의 물 공급을 차단하며 압박했다. 도시는 항복 이외 다른 방도가 없었다. 이때 도시에는 남편을 여읜 젊은 유디트가 있었다. 부유한 집에 살면서 여전히 아름다운 유디트는 신앙심도 깊고 지혜로웠다. 그녀는 도시를 구하기 위해 나섰다. 아름답게 치장하고 거짓으로 투항한 그녀는 적장 홀로페르네스의 환심을 사는 데 성공했다. 하녀 아브라와 만취 상태로 침실로 든 홀로페르네스의 목을 베어 버렸다. 이에 사기충천한 베툴리아군은 상황을 반전시켰고 전쟁에서 승리했다. 유디트는 유대인들에게서 조국을 구한 영웅으로 존경받고 있다. 「유디트와 홀로페르네스」는 피렌체 미술아카데미의 첫 여성 회원이었던 젠틸레스키의 작품이다. 작품의 주제와 배경을 모른다면 끔찍한 살인 장

유디트와 홀로페르네스 judith I
- 1901/84×42cm/캔버스에 유화
- 클림트(Gustav Klimt/1862~1918/오스트리아)
- 벨베데레 갤러리(The Österreichische Galerie Belvedere/오스트리아)

면에 불과하다. 어쩌면 여성으로서 차별에 시달려온 작가가 남성을 단죄하는 모습일 수도 있다.

클림트의 「유디트 I」를 보면 처음에는 홀로페르네스의 잘린 머리를 쉽게 발견하지 못한다. 이 작품을 보는 사람은 매혹적인 그녀의 모습과 금빛 향연에 빨려든다. 이스라엘의 영웅 유디트가 팜 파탈 그 자체로 느껴진다. 1901년 이 작품이 세상에 공개되자 많은 논란이 일었다. 특히 클림트를 후원해 왔던 유대인들은 격한 반응을 보였다. 결국 8년 뒤 클림트는 다시 「유디트 II」를 발표했다. 이 작품은 「유디트 II(살로메)」라고도 불리는데, 유대인 후원자들이 이 작품에 살로메라는 부제를 요구했기 때문이다.

데릴라, 살로메, 유디트와 같은 팜 파탈은 지적이고 매혹적이며 아름답지만 남성에게 치명적이다. 인류는 오랫동안 원죄의 기원을 이브와 판도라와 같은 여성에서 찾으려 했다. 인류 역사는 남성주의가 지배하는 세상이었다. 현재도 광고나 영화 등에서 팜 파탈의 이미지를 쉽게 접할 수 있다. 남성과 여성의 차별은 현재 진행형이다.

그리스 신화는 가이아로 시작된다. 가이아는 대지의 여신이자 신들의 어머니다. 이는 고대 그리스 역사 태동기에는 모계 중심 사회였음을 보여준다. 그 후 올림푸스 신 중 남성인 제우스가 왕이 되는 것으로 남성 중심 사회로 넘어갔음을 짐작할 수 있다.

사회는 여성과 남성이 함께 만들어가는 것이다. 아프리카에 있던 남녀가 그곳을 떠나지 않았다면 혹 두 성 중 한 성만 이동했다면 현재 우리가 존재할 수 없다. 과거, 현재 그리고 미래 사회는 모두 두 성이 균형을 맞춰야 발전할 수 있다. 역사의 지속적인 발전으로 모계 사회에서 부계 사회로 이동한 것과 같이 이제는 성평등 사회로 이동할 시점에 이르렀다.

현대 작가들도 고정된 사회적 관념에 계속해서 도전하고 있다. 우리나라를 대표하는 여성 작가 이불은 1997년 봄 뉴욕현대미술관에 「화엄」이라는 작품을 전시했다. 「화엄」은 예쁜 꽃과 구슬을 핀으로 꽂아 장식한 물고기를 비닐 주머니에 넣어 벽면 가득 전시한 작품이다. 이 작품은 도미 부인이라는 설화를 바탕으로 한다. 절세미인이었던 도미 부인은 지조와 절개를 지키며 지아비를 섬겼던 한국 전통 사회의 여인상이다. 「화엄」은 사회가 여성에게 투영한 여성성이라는 허구를 따르는 모습을 자신의 살에 예쁜 핀을 꽂으며 희생하는 모습으로 표현했다. 이 작품이 설치되는 동안 뉴욕현대미술관을 찾은 관람객은 이 작품이 전시된 공간을 쉽게 들어갈 수 없었다고 한다. 전시하는 시간이 지날수록 탈취제와 방향제와 함께 물고기가 썩어가는 엄청난 악취가 전시장을 뒤덮었기 때문이다. 우리 사회가 여전히 여성에게 여성성을 강요하고 있다는 것을 썩는 냄새로 후각적 표현을 한 것이다.

생물에게 성이란 유전자를 섞어 새로운 유전자 조합을 만드는 데 필요하다. 세상에 존재하는 모든 생물이 성을 가지고 있지는 않다. 달팽이는 암수가 한 몸이고, 대장균은 성조차 없다. 하지만 달팽이와 대장균조차도 유전자를 교환할 필요가 있는 상황에서는 성 특성을 보인다. 즉 유전자를 주는 쪽과 받는 쪽이 생긴다. 어떤 도마뱀과 물고기 종에서는 암컷이 수컷으로 성 전환되기도 한다.

생물은 성이라는 특성으로 환경에 적응할 수 있는 새로운 개체를 만들고, 진화를 거듭해 오늘날 번성할 수 있었다. 남성과 여성 중 우수한 성이란 없다. 오히려 새로운 생명을 만드는 과정에서는 여성의 역할이 더 크다고 할 수 있다. 남성은 작은 정자 속 DNA 반쪽만 제공한다. 하지만 여성은 난자 속 DNA 반쪽과 더불어 세포질, 세포 소기관을 제공하는 것은 물론이고 수정란을 몸속에서 10개월 길러야 한다. 극단적으로 신이 당신에게 남성과 여성 중 한 성만 고르라고 한다면 어떨까? 남성과 여성 어느 한쪽이 존재하지 않는다면 인류의 미래는 어떻게 될까?

오디세우스를 보내 줄 것을 칼립소에게 명령하는 에르메스

Hermes Ordering Calypso to Release Odysseus

예술가 제라드 드 레레스(Gerard de Lairesse/1641~1711)
국적 네덜란드
제작 시기 1670년
크기 91.4×113.7cm
재료 캔버스에 유화
소장처 클리블랜드 미술관(Cleveland Museum of Art/미국 클리블랜드)

3 탄생과 죽음 사이를 살아가다

> 필연적인 운명을 긍정하고 사랑할 수 있을 때, 비로소 인간 본래의 창조성을 발휘할 수 있다. 고통과 상실을 포함해 자신에게 일어나는 모든 일을 받아들이는 삶의 태도로 운명에 체념하거나 굴복하지 말고, 자신의 삶에서 일어나는 고통까지 적극적으로 받아들여라!
>
> - 니체 Amor fati: 이것이 나의 사랑이 되게 하라!

    10년이라는 길고 길었던 트로이 전쟁은 오디세우스의 목마로 끝났다. 전쟁의 끝자락에 모든 것이 피폐했다. 전쟁 영웅 오디세우스를 위한 전리품조차 변변치 않았다. 그는 부하들과 12척의 배에 전리품을 나눠 싣고, 그리운 고향 이타카(Ithaca)로 돌아갈 만반의 준비를 마쳤다. 하지만 곧 돌아갈 수 있을 줄 알았던 항해는 예상하지 못한 운명에 부닥치게 된다. 또다시 10년! 대서사시 '오디세이아'는 이렇게 시작되었다.

    고향으로 돌아갈 수 있다는 부푼 희망을 안고 항해 중이던 오디세우스는 물자 공급을 위해 육지에 정박했다. 그곳은 키클롭스(Cyclops)의 땅이었다. 키클롭스는 이마 가운데 큰 눈이 하나 있는 거인이다. 그들은 동굴 속에 살며, 섬의 야생 식물과 양의 젖을 마시며

사는 양치기였다. 양들과 음식이 있는 동굴에 들어간 오디세우스와 부하들은 주인이 돌아오기를 기다렸다. 이윽고 외눈박이 거인 키클롭스가 동굴로 들어와 입구를 큰 바위로 막았다. 오디세우스는 트로이를 정복한 공을 세우고 돌아가는 중임을 설명하며 도움을 청했다. 외눈박이 거인은 아무 말 없이 오디세우스의 부하 둘을 붙잡아 동굴 벽에 내리쳐서 먹어버렸다. 그러고는 배가 불렀던지, 곧바로 잠에 빠져들었다. 갑작스러운 상황에 오디세우스와 그의 부하들은 몹시 당황했다. 심지어 꼼짝없이 독 안에 든 쥐 신세가 되어 버렸다.

다음날에도 외눈박이 거인은 오디세우스의 부하 두 명을 잡아먹었다. 그러고는 양 떼를 몰고 나가면서, 동굴의 입구를 바위로 막아 놓았다. 오디세우스는 탈출할 방도가 필요했다. 저녁이 되자 거인이 돌아왔다. 아무 일 없다는 듯 양젖을 짜고 다시 부하 두 명으로 저녁 식사를 시작했다. 이때 오디세우스는 거인에게 다가가 포도주를 대접했다. 키클롭스는 기뻐하며 술을 받아마셨다. 기분이 좋아진 거인은 오디세우스를 제일 나중에 잡아먹겠다며 이름을 물어보았다. 오디세우스는 "내 이름은 우티스(outis)라고 합니다." 하고 답했다. 술과 함께 저녁을 마친 키클롭스는 금세 잠에 빠졌다. 이때를 기다린 오디세우스와 동료는 시뻘겋게 달군 막대기로 거인의 눈을 겨누어 깊이 찔렀다. 비명을 지르자 주변에 있던 키클롭스들이 몰려들어 물었다. "시끄러워 잠을 못 자겠네. 왜 잠도 안 자고 비명을 지르는 거야?" 키클롭스는 "오, 친구들이여, 나 죽겠네. 우티스가 나를 아프게 하네." 한다. 그러자 동료들은 "아무도 그대를 괴롭히지 않는다면 그것은 제우스의 짓이니 참게나." 하고 돌아간다. 사실 우티스는 아무도(nobody)라는 뜻이다.

오디세우스와 폴리페모스 Odysseus and Polyphemus
- 1896/66×150cm/패널에 유화와 템페라
- 뵈클린(Arnold Böcklin/1827~1901/스위스)
- 보스톤 미술관(Museum of Fine Arts, Boston/미국 보스톤)

다음날이 되자 눈이 먼 키클롭스가 양 떼를 목장으로 내보내려고 바위를 열었다. 오디세우스는 부하들을 각각 양에 묶어 무사히 동굴 탈출에 성공했다. 그러고는 양 떼를 해안으로 몰아서 자신들의 배에 모두 실었다. 그리고 급히 출항했다. 화가 난 눈먼 거인은 화풀이하려고 바위를 마구 던졌다. 배를 타고 도망가던 오디세우스는 무슨 호기가 발동했는지 거인을 놀려댔다. 화가 난 거인은 더 큰 바위를 소리가 나는 방향으로 던진다. 두려움을 느낀 선원들은 오디세우스를 말려보지만, 멈추지 않았다. 그러고는 호기에 자신이 오디세우스라며 이름을 밝혀버렸다. 눈을 잃은 거인은 화가 머리끝까지 올랐다. 오디세우스는 이것이 기구한 운명의 시작이라는 것을 알지 못했다. 오디세우스가 놀린 그 키클롭스는 바다의 신 포세이돈의 아들 폴리페모스(Polyphemus)였다. 복수심에 불타오르던 폴리페모스는 아버지 포세이돈에게 오디세우스를 벌해 달라고 간절히

율리시스와 사이렌들
Ulysses and the Sirens
▶ c.1909/177×213.5cm/캔버스에 유화
▶ 드레이퍼(Herbert James Draper/1863~1920/영국)
▶ 페렌스 미술관(Ferens Art Gallery, 영국 요크셔)

기도했다. 이때부터 오디세우스를 향한 포세이돈의 저주가 시작되었다.

이후 오디세우스는 리이스트리곤 섬의 식인 거인에게 많은 부하와 배를 잃었고, 배 한 척으로 마녀 키르케의 궁전에 들어가 부하들이 모두 돼지로 변하는 변고를 겪기도 하였다. 그때마다 신들의 도움으로 가까스로 위기를 모면할 수 있었다. 또 키르테의 섬에서 나온 후에는 뱃사람을 노래로 홀려 물에 빠져 죽게 만든다는 요정 사이렌(Siren)이 있는 바다를 지나야 했다. 오디세우스는 선원들의 귀를 모두 밀랍으로 막게 하고, 자신은 돛대에 묶게 한 후 바다를 무사히 건넜다. 하지만 살아남은 선원들은 섬에 도착한 후 배가 고픈 나머지 태양신의 가축을 잡아먹었다. 그 죄로 결국 마지막 남은 배 한 척조차도 잃어버리게 된다.

난파되어 홀로 남은 오디세우스가 파도에 떠밀려 도착한 곳은 오기기아 섬이다. 조난당한 오디세우스를 발견한 칼립소는 첫눈에 그에게 반했다. 칼립소는 오디세우스를 성심으로 대접했다. 칼립소는 사랑하는 오디세우스의 마음을 사로잡기 위해 동굴도 아름답게 단장했다. 오디세우스는 밤에는 매혹적인 칼립소의 남자가 되었고, 낮이 되면 고향에서 자신을 기다리는 아내 페넬로페와 아들 텔레마코스를 그리워하는 가장이 되었다. 그렇게 무려 7년이라는 시간이 흘렀다.

오디세우스를 저주하던 포세이돈이 제사 참석으로 잠시 자리를 비운 사이 올림포스의 신들이 회의를 연다. 전쟁의 신 아테나는 오디세우스를 고향 이타카로 돌려보내야 한다고 강력하게 주장했다. 제우스는 아테나의 의견을 받아들였다. 그리고 전령의 신 헤르메스를 보내 신들의 뜻을 님프 칼립소에게 알리도록 했다. 「칼립소에게 오디세우스를 놓아주도록 명령하는 헤르메스」에는 이 장면이 잘 표현되어 있다. 작품의 윗부분에는 신들이 회의하고 있고, 사랑을 상징하는 큐피드들이 침대 주변으로 앉아 있다. 방으로 날아오는 헤르메스, 한 큐피드는 이 둘의 사랑이 깨지지 않도록 그를 막으려 한다. 칼립소는 작품의 정면을 응시하며 관람자에게 "당신이라면 어떻게 할 건가요?"라며 물어보는 듯하다.

동굴은 매우 아름다웠다. 헤르메스가 찾아온 동굴의 모습을 호메로스는 아래와 같이 묘사하고 있다.

> 정원 가득 뻗친
> 포도덩굴에는 포도송이가 주렁주렁 열려 넓은 동굴을 가렸네.
> 네 개의 샘에선 맑은 물이 솟아
> 구불구불 온 대지를 적시네.
> 부드러운 초록색 목장은 끝이 보이지 않고,
> 오랑캐꽃은 자줏빛으로 목장을 수놓았네.

오디세우스와 칼립소가 있는 환상적인 동굴
Fantastic Cave with Odysseus and Calypso
- c.1616/캔버스에 유화
- 얀 브뤼겔 Jan Brueghel the Elder/1568~1625
- 조니판해프텐미술관(Johnny van Haeften Gallery/영국 런던)

그 과정은 하늘의 헤르메스도 놀라고 기뻐할 광 광경이라네.

브뤼겔은 「오디세우스와 칼립소가 있는 환상적인 동굴」로 동굴의 모습을 표현했다. 편안하고 행복으로 가득한 동굴! 사랑하는 오디세우스와 영원히 함께하고 싶은 칼립소! 마지막으로 오디세우스의 마음을 돌리고 싶었던 칼립소는 거절하기 힘든 제안을 던졌다. "당신은 이미 고향을 떠나온 지 거의 20년이나 되었어요. 당신 부인 페넬로페는 이미 늙었어요. 어쩌면 당신을 기억하지 못할 수도 있어요. 다른 남자와 결혼했을 수도 있겠지요."라고 말하며, "오디세우스! 만약 당신이 나와 함께 한다면 암브로시아와 넥타르를 나누어 주겠소." 하고 속삭이듯 유혹했다.

암브로시아와 넥타르는 신이 먹는 음식과 음료를 말한다. 신화에서는 사람도 이를 먹고 마시면 영원한 생명을 얻을 수 있다고 설명한다. 7년간 바닷가에 서서 고향 쪽을 바라보고 그리워한 오디세우스! 영원한 생명도 자신의 운명을 선택하는 데 방해가 되지는 못했다.

> 나는 집으로 돌아가서 귀향의 날을 보기를 날마다 원하고 바란다오.
> 설혹 신들 중에 어떤 분이 또다시 포도줏빛 바다 위에 나를 난파시키더라도
> 나는 가슴 속에 고통을 참는 마음을 가지고 있기에 참을 것이오.
> 나는 이미 너울과 전쟁터에서 많은 것을 겪었고 많은 고생을 했소,
> 그러니 이들 고난들에 이번 고난이 추가될테면 되라지요.
> - 호메로스, 『오디세이아』 제5권 243~247행

"불운한 오디세우스! 그대는 이제 더는 이곳에서 슬퍼하며 허송세월하지 마세요. 내가 그대를 기꺼이 보내드리오리다." 칼립소는 오디세우스의 배에 음식을 채워주고 고향으로 보내 줄 순풍을 보냈다. 사람은 영원히 살 수 없다. 영원히 사는 것보다 어떻게 사는 것이 중요한가 생각하게 하는 것이 바로 '오디세이아'다.

과학적으로 영원한 생명체는 없다. 하지만 무한히 증식하고 살아남는 세포는 존재한다. 1951년 볼티모어의 존스홉킨스 병원에 31살의 흑인 여성이 입원했다. 조직 검사 결과 그녀의 병명은 자궁경부암이었다. 그 당시 의사에게는 적절한 치료 방법이 없었다. 결국 헨리에타 랙스(Henrietta Lacks, 1920~1951)는 입원한 지 몇 달도 되지 않아 사망했다. 그녀의 병세가 유독 빨리 악화된 것은 특별한 암세포 때문이었다. 그 암세포는 존스홉킨스 대학에서 세포 생물학을 연구하던 조지 오토 게이(George Otto Gey, 1899~1970)에게 보내졌다. 암세포는

실험실 배양액 속에서도 매우 빠른 속도로 생장하며 분열했다. 같은 세포를 배양한 세포를 세포주(cell line)라고 하는데, 과학자들은 이 세포주에 그녀 이름 앞 글자 두 개씩 따서 헬라(HeLa)라는 이름을 지어주었다. 이렇게 헬라는 최초의 사람 세포주가 되었다. 헬라는 그 이후 지금까지도 많은 연구실에서 배양되고 연구되고 있다.

헬라 세포는 생명 과학과 의학 발전에 지대한 영향을 주었다. 소아마비 백신 개발에 사용되었고, 세포의 분열 과정을 이해하는 연구에도 활용되었다. 또한 생물 복제, 사람 유전자 지도 작성, 인공 수정, 에이즈, 암은 물론이고 방사능이나 독성 물질의 테스트, 화장품 등 공산품이 인체에 끼치는 영향에 대한 연구 그리고 더 나아가 우주에서 이루어지는 세포 연구에도 헬라 세포가 활용되었다. 아이러니하게도 헨리에타 랙스를 죽음으로 이끈 헬라 세포는 다른 수많은 생명을 구하는 데 기여하고 있다.

하나의 세포는 영생할 수 없다. 세포가 살아남으려면 세포 분열 과정으로 새로운 어린 세포를 만들어야 한다. 하지만 정상 세포는 분열할 수 있는 횟수가 이미 정해져 있다. 세포가 분열할 수 있는 횟수는 DNA 끝에 존재하는 텔로미어(말단소립, Telomere)의 길이와 관련이 있다. 염색체 말단의 텔로미어는 운동화 끈 끝에 있는 플라스틱처럼 긴 DNA를 잡아 준다. 즉 DNA 손상과 염색체 간의 비정상적 결합을 방지한다. 텔로미어는 분열 과정에서 그 길이가 조금씩 짧아진다. 어느 정도 분열을 한 후에는 텔로미어의 길이가 짧아서 DNA가 풀리게 되고, 분열 능력이 떨어지게 된다. 실제 아이 세포는 분열 능력이 왕성하지만 노인 세포는 그렇지 않다. 그 결과 아이의 상처 치유 속도는 빠르지만, 노인이 될수록 느려진다. 그러나 헬라 세포는 늘 아이의 세포처럼 왕성히 분열한다. 그 이유는 이 텔로미어의 길이를 원래 상태로 만들 수 있는 텔로머레이스(Telomerase)라는 효소가 활성화되기 때문이다. 많은 과학자들이 수명과 노화를 연구하면서 텔로미어를 다시 늘릴 방법을 찾고 있다.

2019년 스페인 과학자들은 일반 생쥐보다 매우 긴 텔로미어를 가진 생쥐를 만들었다. 이 생쥐를 길러 일반 생쥐와 비교한 결과 지방 축적이 감소하였고, 비만인 개체수가 적었다. 무엇보다 종양 발생률이 감소했으며, 건강한 상태로 더 오래 산다는 점도 확인할 수 있었다. 이 연구는 유전자를 조작하지 않고도 생명 연장의 가능성을 제시한 것이다. 이는 '텔로미어가 매우 긴 생쥐는 신진대사의 노화가 적고 수명이 더 길다.(Mice with hyper-long telomeres show less metabolic aging and longer lifespans)'라는 주제로 세계적인 학술지 「네이쳐 커뮤니케이션(Nature Communications)」에 게재되었다. 이제 생명 공학의 비약적 발전으로 텔로미어를 연장할 수 있는 날이 올지 모른다.

세계적으로 유명한 브랜드는 그리스·로마 신화와 관련이 많다. 나이키(Nike)는 승리의 여신 니케, 아마존(Amazon)은 전쟁의 신 아레스와 요정 하르모니아의 자손, 올림푸스(Olympus)는 올림포스 신전, 스타벅스 커피는 사이렌(Siren), 캐논 EOS는 새벽의 여신 에오스(Eos)다. 나이키는 승리를, 에오스는 새벽이 되어 빛이 들면 세상은 색을 찾는다는 의미를, 사이렌은 커피로 사람을 유혹하겠다는 이미지를 연상시키기 충분하다. 그리스·로마 신화 속 명칭을 사용하면 그만큼 소비자에게 친숙하게 다가설 수 있다. 만약 생명을 연장할 약이나 영생을 누릴 약이 개발된다면 우리는 그 약에 어떤 이름을 붙이게 될까?

쌍둥이 탄생 축하 Twin Birth Celebration

예술가 얀 스테인(Jan Steen/1626~1679)
국적 네덜란드
제작 시기 1668년
크기 69×79cm
재료 캔버스에 유화
소장처 함부르크 미술관(Hamburger Kunsthalle/독일 함부르크)

4　　　　　　　　　　한 생명이 태어나다

> 지난 50년간 분자 생물학의 과학적 발전은 의학에서 괄목할 만하다.
> 이러한 발전 중 일부는 중요한 윤리사회적 문제를 제기하기도 한다.
> - 국제 정상회의 성명서(On Human Gene Editing: 2015.12.4) 중

　얀 스테인은 17세기 네덜란드 회화의 황금기를 이끈 풍속화가 중 한 명이다. 양조장과 여관을 운영하면서 평범한 사람들 사이에서 일어나는 유쾌하고 소소한 일상을 경험했다. 이런 경험은 고스란히 그의 작품에 해학과 풍자로 담겼다.
　「쌍둥이 탄생의 축하」는 함부르크 쿤스할의 한 마을에서 쌍둥이 탄생을 축하하는 행사 장면이다. 집안에 몰려온 친척과 마을 사람은 쌍둥이를 신기하게 쳐다보고 있다. 갓 태어난 아이들은 빨간 천 포대기에 인형처럼 꽁꽁 싸여 있다. 산실은 방과 거실의 구분이 없어 보이는 실내 한쪽 구석에 만들어져 있다. 또 반대편에는 한 여인이 산모를 먹일 따뜻한 수프를 끓이는 듯 국자를 휘젓고 있다. 위층에서는 갑작스럽게 태어난 쌍둥이를 미처 예상하지 못한 듯 여분의 요람을 꺼내고 있다. 그 당시 의술로 쌍둥이가 태어나는 것을 예측하는 것도 쉬운 일은 아니었겠다. 산실에는 출산을 마친 엄마의 표

정이 매우 창백하고 지쳐 보인다. 출산의 과정이 길고 고되었던지, 산모 앞의 한 산파는 잠을 청하고 다른 산파가 산모를 돌보고 있다. 손주의 출산 소식을 듣고 뒤늦게 도착한 듯 중절모를 쓴 할아버지는 현관문에 서 있다. 화면 전반에 걸쳐 거실에 놓여 있는 각종 세간살이는 그 시대 서민들의 삶을 잘 보여준다.

쌍둥이의 탄생으로 가장 난감한 사람은 아빠인 듯하다. 잔뜩 찌푸린 그의 표정에서 그 당혹감을 엿볼 수 있다. 그는 아버지가 되었다는 것을 상징하는 크라암헤렌무트(kraamherenmuts)라는 모자를 쓰고 있다. 주변 사람들의 놀림에 화가 나서 앉아있던 의자를 박차고 일어난 듯 보인다. 이를 본 한 여인은 다른 여인들에게 손가락으로 그의 재미난 표정을 보라는 듯 가리킨다. 이 축하 행사가 끝나고 나면 아빠는 도와준 사람들에게 사례금을 두 배로 줘야 할 것이다. 가운데 의자에 앉은 노파는 성미가 급한지 벌써 손을 내밀고 있다.

그림의 제일 아랫부분에는 달걀 껍데기가 널브러져 있다. 산모의 회복을 도와주는 전통 음료인 알코올이 든 계피 음료를 만드는 데 사용된 것으로 보인다. 하지만 흩어져 있는 껍데기들은 부부의 관

탄생 축하 Celebrating the Birth
▶ 1664년/89×109cm/캔버스에 유화
▶ 얀 스테인(Jan Steen/1626~1679/네덜란드)
▶ 월리스 컬렉션(The Wallace Collection/영국 런던)

계가 원만하지 않았음을 은유적으로 표현하는 장치다. 또 왼쪽 아래에 놓인 둥근 프라이팬 모양의 물건은 침대 보온기다. 즉 침대에 남편이 잘 오지 않았음을 표현하는 또 다른 장치다. 더군다나 남편이 앉았던 의자에는 넘어진 물병에서 물이 흘러내린다.

얀 스테인의 다른 작품 「탄생 축하」에서도 비슷한 장치들을 볼 수 있다. 「탄생 축하」에서는 왼쪽에 소시지가 보이는데, 이는 남편의 외도를 상징한다. 그는 이런 풍속화로 부부가 좀 더 좋은 결혼 생활을 해야 함을 강조한다. 바람 난 남편에게 아이가 생기면 어떤 표정을 지을 것인지 묻고 있다. 어린 생명은 사랑으로 태어나 모든 이들의 축복을 받아야 마땅하다.

얀 스테인이 이런 그림을 그리던 1668년은 조선 현종 9년이었다. 네덜란드와 우리나라의 출산 모습을 비교해 보면 많은 문화적 차이가 있다. 네덜란드는 부엌과 거실이 구분되지 않는 실내에 산실이 있다. 특히 간난 아기가 있는 집안에 너무 많은 사람이 북적이고 어지럽기까지 하다. 심지어 집안에 고양이까지 돌아다니는 모습은 정말 생소하다. 조선 시대에는 출산을 앞두면 주변을 청결히 하고, 아이가 태어나면 이웃 사람들이 접근하지 못하게 금줄도 쳤다. 공통점이 있다면 아이가 태어나면 산모와 아이의 건강을 염려하고, 모두 축복한다는 점이다.

> 그들이 벧엘에서 길을 떠나 에브랏에 이르기까지 얼마간 거리를 둔 곳에서 라헬이 해산하게 되어 심히 고생하여 그가 난산할 즈음에 산파가 그에게 이르되 두려워하지 말라 지금 네가 또 득남하느니라 하매 그가 죽게 되어 그의 혼이 떠나려 할 때에 아들의 이름을 베노니

베냐민의 탄생 The Birth of Benjamin
- 17세기 초/99.5×125.5cm/캔버스에 유화
- 프란체스코 푸리니(Francesco Furini/1603~1646)
- 웰컴 컬렉션(Wellcome Collection/영국 런던)

라헬의 죽음 The death of Rachel
- c.1847/30.5×38cm/패널에 유화
- 페르디난드 메츠(Gustav Ferdinand Metz /1817~1853) 미상

라 불렀으나 그의 아버지는 그를 베냐민이라 불렀더라 라헬이 죽으매 에브랏 곧 베들레헴 길에 장사되었고 야곱이 라헬의 묘에 비를 세웠더니 지금까지 라헬의 묘비라 일컫더라. (창세기 35:16~20)

성경에는 외삼촌 라반의 집에 온 야곱이 그의 딸 라헬을 보고 사랑에 빠지는 내용이 나온다. 야곱은 라반에게 7년을 일하는 조건으로 라헬과의 결혼 승낙을 받았다. 7년 동안 매일을 하루와 같이 열심히 일한 야곱에게 드디어 결혼식을 치를 날이 다가왔다. 하지만 그의 부푼 기대는 물거품이 되고 말았다. 그가 결혼한 여인은 그렇게도 사랑한 라헬이 아닌 그녀의 언니 레아였다. 야곱은 약속을 어긴 라반에게 화를 냈다. 라반은 언니보다 동생이 먼저 결혼할 수 없다는 핑계를 둘러댔다. 그는 정말 라헬과 결혼을 원하면 7년을 더 일하라는 요구를 했다. 어쩔 수 없이 이를 받아들인 요셉은 7년을

더 일한 후에야 라헬과 결혼할 수 있게 되었다. 무려 결혼을 위해 14년 동안 일을 했다.

언니 레아는 요셉의 아이를 낳았다. 하지만 신의 질투였을까? 라헬에게는 아이가 생기지 않았다. 고민하던 라헬은 급기야 자신의 노예 빌하에게 야곱의 아이를 낳도록 해 자신의 아이로 삼았다. 하지만 이 무슨 운명의 장난인가? 그 후 야곱과 라헬의 사이에서도 요셉과 베냐민이 태어났다. 라헬이 낳은 베냐민은 야곱의 12번째 자식이었다.

베냐민이 태어나는 날 라헬은 죽었다.「베냐민의 탄생」과「라헬의 죽음」은 같은 성경의 내용을 상반된 용어인 탄생과 죽음으로 다루고 있다. 푸리니의 작품은 바로크 양식으로 등장인물을 화려하고 풍만하게 그려 성스럽게 묘사하지만「라헬의 죽음」은 길에서 아이를 낳다 죽은 보잘것없는 한 여인의 운명을 슬프게 표현했다.

아폴론은 여인 코로니스와 사랑에 빠졌다. 코로니스를 남겨 두고 홀로 올림포스로 돌아가기 불안했던 아폴론은 아름다운 은빛 깃을 가진 까마귀를 곁에 붙여 두었다. 아폴론은 한동안 코로니스를 찾지 않았다. 신과의 사랑에 확신이 없었던 코로니스는 결국 아스키스와 결혼하게 됐다. 까마귀가 이 사실을 급히 아폴론에게 전했다. 이 말을 듣고 화가 난 아폴론은 활을 들어 코로니스에게 화살을 쏴 버렸다. 쓰러진 코로니스! 하지만 그녀의 몸속에는 이미 아폴론의 아이가 자라고 있었다. 후회는 소용없었다. 뒤늦게 자신을 자책한 아폴론은 은빛 까마귀를 검게 만들어 버렸다. 괜한 화풀이다. 아폴론은 재빨리 코로니스의 배를 가르고 아이를 꺼냈다. 이렇게 태어난 아기가 바로 의학의 신 아스클레피오스(Aesculapius)다.

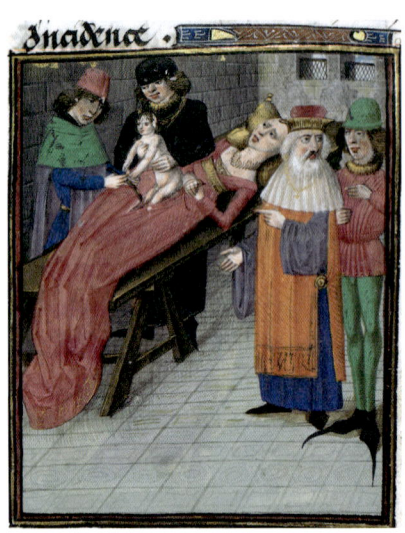

카이세르의 탄생 Medieval depiction of Caesarian birth
▸ c.1473~1476/Royal MS 16 G VIII 중 f.32r에 있는 삽화
▸ 영국 도서관(The British Library)

　그리스 신화에는 아스클레피오스처럼 죽어가는 산모의 뱃속에서 아기를 직접 꺼내는 장면이 등장한다. 산모의 배를 가르고 아기를 꺼내는 수술을 독일어로 카이저슈니트(Kaiserschnitt)라고 한다. 이 용어를 직역하면 우리에게 친숙한 제왕 절개가 된다. 제왕 절개라는 용어의 기원에 대해서는 황제 율리우스 카이사르가 이 방법으로 태어난 것에 기인했다는 설과 칼로 벤다는 라틴어 카에수라(caesura)에서 유래되었다는 설이 있다.

　이는 산모와 아이가 모두 위험한 상황에서 아이만이라도 살리기 위해 취한 오래된 수술이었음을 알려준다.

　여성이 임신한다는 것은 의학적으로 매우 큰 위험에 노출된다는 의미다. 여성의 신체는 임신 과정에서 엄청난 변화를 감당해야 한다. 자궁 속 아이가 점점 커지면 몸속 장기들은 공간 부족으로 극단적으로 쏠리게 된다. 과식을 하면 느끼는 답답함 이상의 괴로움이 몇 개월 지속된다. 산모 중 일부는 임신으로 인한 각종 질병에도 시달린다. 임신성 중독, 임신성 당뇨, 임신성 빈혈, 임신성 소양증, 방광염 등 다양한 질환이 산모와 태아의 생명을 위협한다. 또한 출산 과정도 제왕 절개라는 극단적 방법을 사용해야 할 만큼 산모와 아기 모두의 생명을 위협한다.

2016년 미국 텍사스주 플레이노의 마거릿 보머(Margaret Boemer)는 임신 16주 차가 되었다. 초음파 검사를 위해 방문한 산부인과에서 태아의 꼬리뼈 부근에 종양이 있다는 진단을 받았다. 이에 휴스턴의 텍사스 어린이 병원(Texas Children's Hospital) 의사들은 태아의 생명을 구하기 위해 과감하고 획기적인 수술을 결정했다. 16주 차에 수술이 실패하면 미숙아로 태어나 회복이 어려울 수 있다는 점을 고려해 24주 차가 될 때까지 기다렸다. 24주에 미숙아로 태어나면 의학적으로 아이를 살릴 가능성이 훨씬 더 커지기 때문이다. 그런데도 미숙아의 생존율은 여전히 50% 이하로 위험했고, 심각한 후유증이 남을 수도 있다. 의료진은 24주가 된 아기를 꺼낸 후 20분 만에 종양 제거 수술을 끝냈다. 그리고 다시 엄마의 자궁에 아이를 넣어 주었다. 천만다행으로 수술은 성공적이었다. 12주가 지난 후 산모는 딸 린리(Lynlee)를 정상적으로 출산했다. 이렇게 린리는 인류 역사상 처음으로 엄마의 몸에서 두 번 태어난 아기로 기록되었다.

현대 의학의 발달은 분명 축복이다. 초음파로 아이의 신체 발달 상태를 확인하고, 태아의 세포를 추출하여 염색체 분석으로 유전병 유무를 확인하는 것은 이미 첨단기술이라고 할 수도 없다. 태어나지도 않은 아이의 건강 상태를 미리 알아낼 수 있고, 린리처럼 두 번 태어나게 할 수도 있다. 더 나아가 생명 과학의 발전으로 현대 의학은 임신 전 단계부터 생명에 관여할 수 있다. 이런 의학의 발달은 생명의 탄생이라는 신성한 축제에 종교·윤리적 개입을 낳고 있다.

1978년 세계 최초로 시험관 수정된 아이 루이스 브라운(Louise Brown)이 태어났다. 그리고 그녀는 2007년 자연 임신으로 아들을 정상적으로 출산했다. 생명 공학은 이후 비약적인 발전을 거듭하였다. 현대의 과학 기술은 엄마의 자궁에 수정된 배아를 착상시키기 전에 유전자를 의도적으로 조작할 수 있다. 영화처럼 부부가 원하는 유전자를 가진 맞춤형 아기를 만들 수도 있다. 특히 과학자들은 3세대 유전자 가위로 불리는 크리스퍼 유전자 가위(CRISPR-Cas9)를 이용해 특정 유전자를 DNA에서 제거할 수도 있고, 끼워 넣을 수도 있다. 이런 유전자 조작은 실험에 필요한 물질만 있다면 생각보다 매우 쉽게 수행할 수 있다. 이 점에서 크리스퍼 유전자 가위를 사용하는 연구는 그 위험성에 걸맞는 엄격한 통제가 필요하다. 무분별한 유전자 조작은 인류가 감당할 수 없는 위기로 이어질 수 있다. 더군다나 후대에 유전적으로 전달될 수 있는 배아를 사용한 실험이라면 더욱 엄격히 금해야 한다. 그런데 우려하던 일이 현실에서 벌어졌다.

2018년 중국 심천에 있는 남방과학기술대학교의 허젠쿠이(He Jiankui) 교수가 배아의 유전자 조작을 감행했다. 그는 후천성 면역 결핍증(AIDS, Acquired Immune Deficiency Syndrome)에 걸린 아버지와 정상적인 어머니 사이에서 태어날 아이에게 이 기술을 적용했다. 부부에게서 태어난 쌍둥이는 HIV(Human Immunodeficiency Virus, 사람 면역 결핍 바이러스)의 감염과 관련된 유전자(CCR5 Gene)가 제거되어 AIDS에 걸리지 않는다. 그리고 허젠쿠이는 이 사실을 유튜브(YouTube)로 전 세계에 알렸으며, 학회 발표까지 이어졌다. 인류는 판도라의 상자를

아들을 먹어 치우는 사투르누스 Saturn devouring one of his sons
- 1819~1823/146×83cm/캔버스에 유화
- 고야(Francisco Goya/1746~1828/스페인)
- 프라도 미술관(Museo del Prado/스페인 마드리드)

열어버린 것일까? 인류는 이제 남녀의 사랑만으로 아이를 잉태하지도, 신의 선택으로 유전자를 물려받지도 않게 될까? 부자들만 유전적으로 우수한 맞춤형 아기를 낳게 되지는 않을까?

고야의 「아들을 먹어 치우는 사투르누스」에서 사투르누스는 어둠 속에서 눈을 휘둥그레 뜨고 광기에 사로잡힌 듯 아들을 뜯어 먹고 있다. 사투르누스는 두 손으로 머리와 오른팔이 뜯긴 몸통을 움켜쥐고 왼팔을 뜯어 먹으려 한다. 이 작품은 마치 미래의 자손을 대상으로 무모한 실험을 감행하는 과학자들에게 경고하는 듯하다.

2020년 스웨덴 왕립과학원 노벨위원회는 '유전자 편집법을 개발한 공로'로 독일 막스플랑크연구소의 에마누엘 샤르팡티에(Emmanuelle Charpentier)와 미국 캘리포니아대, 버클리대학의 제니퍼 다우드나(Jennifer A. Doudna)를 노벨 화학상 수상자로 선정했다.

계시록의 네 기사 The four horsemen of the Apocalypse

예술가 뒤러(Albrecht Dürer/1471~1528)
국적 독일
제작 시기 1498년
크기 39×28cm
재료 목판화
소장처 카를스루에 국립미술관(Staatliche Kunsthalle Karlsruhe/독일)

5 　　　　　　　　　죽음이 곁에 있다

> 죽음이 어디서 너를 기다릴지는 불확실하다. 그러니 어디에서나 그
> 것을 예상하라.　　　　　　　- 세네카(Lucius Annaeus Seneca, BC 4. ~ 66.)

　　이탈리아에 레오나르도 다빈치가 있다면 북유럽에는 알브레히 트 뒤러가 있다. 뒤러는 북유럽의 르네상스 시대를 이끈 독일을 대표하는 예술가다. 그는 회화뿐 아니라 판화 작가로도 국제적인 명성이 높았다. 그의 판화 작품은 엄청난 인기를 누렸고, 경제적으로도 많은 도움이 되었다. 뒤러의 작품이 인기를 얻으면 얻을수록 많은 사람이 그의 작품을 복제하기 시작했다. 실제 일부 복제품은 큰 문제가 되었다. 특히 마르칸토니오 라이몬디와 같은 판화가는 뒤러의 1502년 작품 「성모의 생애」를 창의적으로 모방했다. 라이몬디는 섬세한 부분까지 베끼면서도 나름대로 자신의 모방작을 구분할 수 있도록 원본과 다른 세 가지 요소를 넣었다. 하지만 이 문제는 결국 법정에까지 서게 되었다. 재판부는 라이몬디의 작품에서 뒤러의 서명을 제거하고 모방작임을 밝히도록 판결하였다. 그 후 뒤러는 1511년 판 「성모의 생애」에 미래의 도둑을 향한 경고문을 넣었다.
　　1498년 「요한 계시록」 목판본이 독일어와 라틴어로 출판되었다.

예수의 제자 요한이 하나님의 계시를 받아 작성한 요한 계시록은 천주교에서는 요한 묵시록으로 불린다. 성경에서 요한 계시록은 은 유적으로 표현되어 가장 이해하기 어렵고 해석도 분분하다. 뒤러는 자신의 예술적 감각과 창의성으로「요한 계시록」을 총 15점의 목판화로 구성했다.「계시록의 네 기사」는 그중 5번째 작품으로 요한 계시록 6장 1절에서 8절까지의 내용을 담고 있다. 작품 속 네 기사는 평면이 아닌듯한 공간에서 매우 역동적인 움직임으로 달려 나오듯 표현되었다. 채색 없이 선만으로도 명암, 원근감, 입체감, 질감을 얼마나 정교하고 섬세하게 표현할 수 있는지 교본을 보여준 듯하다. 이 작품만으로도 목판 화가로서 강렬한 인상을 남기기에 충분하다.

> 내가 보매 어린 양이 일곱 인 중의 하나를 떼시는데 그 때에 내가 들으니 네 생물 중의 하나가 우렛소리 같이 말하되 오라 하기로 이에 내가 보니 흰 말이 있는데 그 탄 자가 활을 가졌고 면류관을 받고 나아가서 이기고 또 이기려고 하더라. 둘째 인을 떼실 때에 내가 들으니 둘째 생물이 말하되 오라 하니 이에 다른 붉은 말이 나오더라. 그 탄 자가 허락을 받아 땅에서 화평을 제하여 버리며 서로 죽이게 하고 또 큰 칼을 받았더라. 셋째 인을 떼실 때에 내가 들으니 셋째 생물이 말하되 오라 하기로 내가 보니 검은 말이 나오는데 그 탄 자가 손에 저울을 가졌더라. 내가 네 생물 사이로부터 나는 듯한 음성을 들으니 이르되 한 데나리온에 밀 한 되요 한 데나리온에 보리 석 되로다 또 감람유와 포도주는 해치지 말라 하더라. 넷째 인을 떼실 때에 내가 넷째 생물의 음성을 들으니 말하되 오라 하기로 내가 보매 청황색 말이 나오는데 그 탄 자의 이름은 사망이니 음부가 그 뒤를 따르더라. 그들이 땅 사분의 일의 권세를 얻어 검과 흉년과 사망과 땅의 짐승들로써 죽이더라.　　　　　　　　　　　(요한 계시록 6장 1~8절)

작품 상단의 하늘 부분에는 하나님의 명을 받은 어린 양 즉 천사가 날고 있다. 어린 양이 첫 번째 봉인을 떼자, 흰 말을 탄 기사가 활을 들고 면류관을 받고 달려 나간다. 흰 말은 승리, 활은 전쟁, 면류관은 정복자의 상징이다. 흰 말을 탄 기사는 역병이다. 전염병은 사람들에게 세상의 종말을 경험시키기에 충분하다. 사람들은 고통에 시달리다 죽게 될 것이고, 들불처럼 퍼져나갈 것이다. 두 번째 봉인을 떼자 붉은 말을 타고 칼을 든 기사가 뛰어나간다. 붉은 말은 유혈, 칼은 전쟁과 파멸의 상징이다. 전쟁터에서는 인간의 광기로 서로를 가차 없이 죽일 것이다. 세 번째 봉인을 떼자 검은 말을 타고 저울을 든 기사가 달려 나간다. 검은 말은 기근, 저울은 높은 식품 가격을 의미한다. 대가족으로 살았던 그 시대를 고려한다면 기근은 가족 전체의 삶을 위협할 것이다. 부모는 자신의 눈앞에서 굶어 죽는 자식을 보게 될 것이다. 그들은 자신의 무기력함에 절망하게 될 것이다. 네 번째 봉인을 떼자 청황색 말을 타고 낫을 든 기사가 달려 나온다. 뼈만 앙상한 청황색 말은 죽음이다. 그가 든 낫은 수많은 사람을 저승으로 이끌 것이다. 또한 그를 따르는 용 즉 하데스는 입을 크게 벌려 교황을 잡아먹고 있다. 심판은 교황도 피할 수 없을 정도로 엄정하다. 악인을 벌하고 지옥으로 데려갈 것이다.

네 마리의 말 중 백마는 악(Evil) 혹은 의(Righteous) 중 어느 쪽을 대표하는 것인지에 대해 논쟁이 많다. 악이라 주장하는 측에서는 네 마리의 말 모두 파괴적인 힘을 가지고 있다는 점을 지적한다. 의로 주장하는 측에서 흰색은 성경에서 의를 나타내는 경향이 있고, 그리스도는 정복자로 표현된다는 점을 든다. 그래서 계몽의 기수로 생각할 수 있다는 것이다. 또한 그들에게 주어진 4분의 1에 대한 권력은 오롯이 4번째 기사에게 주어진 것이라는 해석과 네 기사에게 주어졌다는 해석이 있다. 사물이 가진 본질을 찾아 표현하는 예술가로서 여러 해석이 분분한 내용을 한 평면에 표현한다는 것은 쉬운 일이 아니다.

계시록의 네 기사 Four Horsemen of the Apocalypse
- 1887/72×130cm/캔버스에 유화
- 빅토르 바시네초프(Viktor Vasnetsov/1848~1926/러시아)
- 글링카 국립 박물관 음악 문화 컨소시엄
- Glinka National Museum Consortium of Musical Culture/러시아 모스크바

　같은 내용을 다룬 바시네초프의 「계시록의 네 기사」와 비교해 보자. 우선 그의 작품은 유화로 그려져 말의 색이 분명히 구분된다. 또 구름 속에는 성경 말씀대로 목에서 피가 흐르는 희생양(Lamb)이 봉인을 열고 있다. 하늘을 나는 네 기사 밑으로 멸망해가는 인간 세상의 모습은 좀 더 사실적이다. 왼쪽 아랫부분에는 짐승의 모습을 한 하데스가 사람을 잡아먹고 있다. 거의 4세기라는 시간차가 나는 두 작품의 우위를 따지는 것은 아니지만 분명 뒤러는 무채색의 목

판으로도 자신의 예술적 능력을 잘 보여주고 있다.

　죽음은 누구에게나 낯설다. 하지만 전쟁, 전염병, 기근, 사고 등의 공포 상황에서 죽음은 항상 주변에서 자신을 기다리고 있다는 느낌을 받을 것이다. 죽음은 그 자체가 공포다. 로봇이나 컴퓨터를 사용하려면 작동을 위한 기본 프로그램이 필요하다. 사람도 살아가기 위한 기본 프로그램이 있는데 그것이 바로 본능이다. 본능은 욕구와 이에 대한 반응으로 연결되어 있다. 예를 들어 수분이 부족하면 갈증이라는 욕구가 생기고 물을 마시는 반응으로 이를 해소한다. 영양소가 부족하면 배가 고픈 식욕이 생기고 식사라는 반응으로 이를 해소한다. 만약 이 욕구라는 프로그램을 해소하지 못하면 어떻게 될까? 아마 공포가 생기고 죽음으로 이어지게 된다. 생명의 흐름 속에서 내가 존재한다는 것은 본능 프로그램이 오랫동안 잘 작동한 결과다. 생명에서 생명이 이어지는 생명 연속성의 과정에서 조상 중 한 명이라도 본능에 적절히 반응하지 않았다면 지금의 나는 존재하지 못했다. 이렇게 생명체라면 죽음의 공포를 피하고 싶다. 이 감정은 생존을 위한 필수 불가결 요소다.

　한스 발둥은 「죽음과 소녀」라는 주제로 여러 작품을 남겼다. 작품에서 죽음의 신은 해골의 얼굴을 하고 피부가 벗겨진 듯 붉은색의 공포를 유발하는 모습이다. 예고도 없이 죽음의 신은 삶의 정점에서 매일 하루가 행복할 소녀를 찾아왔다. 소녀는 젊음을 상징하는 풍만한 육체와 깨끗한 피부 그리고 긴 머리카락을 가졌다. 죽음을 받아들이기에는 너무나 어리고 갑작스럽다. 찬란한 젊음과 미래의 행복할 삶을 단번에 마감하기에는 너무나도 허망하다. 죽음을 거부하고 싶은 소녀는 두 손 모아 애원한다. 소녀의 머리채를 잡은

죽음과 소녀 Death and the Maiden
- 1517 / 30×14cm / 석회에 템퍼라
- 한스 발둥(Hans Baldung/~1545/독일)
- 바젤 미술관 Kunstmuseum Basel / 스위스 바젤

죽음과 소녀 Death and the Maiden
- 1518~1520 / 31×19cm / 석회에 템퍼라
- 한스 발둥(Hans Baldung/~1545/독일)
- 바젤 미술관 Kunstmuseum Basel / 스위스 바젤

죽음의 신은 작품 윗부분에 적혀 있듯 "Hie must du yn^(Here you must go, 이제 가야만 한다.)"라며 저승으로의 발걸음을 재촉한다. 또 다른 작품에서 죽음의 신은 소녀와 입을 맞추는 모습으로 죽음을 에로틱하게 표현했다. 소녀는 눈물을 흘리며 살려 달라 호소하고 싶겠지만, 죽음의 신에게 장난이란 없다. 죽음의 순간은 자신이 선택하는 것이 아니다. 운명이다. 운명은 거스를 수 없는 진리다. 이 작품은 죽음의 경고를 상징적으로 잘 표현하고 있다.

죽음과 처녀라는 주제는 그리스 신화에서 하데스가 페르세포네를 납치하는 이야기만큼 과거로 거슬러 올라간다. 또한 성경에서 예수를 배신한 유다의 입맞춤과도 연결할 수 있다. 아름다운 여성

죽음과 삶 Death and Life
- 1910~1915/180.5×200.5cm/캔버스에 유화
- 클림트(Gustav Klimt/1862~1918/오스트리아)
- 레오폴드 미술관(Leopold Museum/오스트리아 비엔나)

이 한창때 죽음에 당면하는 모습은 관람자의 시선을 끌기에 충분히 매력적이다. 이 모습은 진화되어 내려오는 문화적 표상이다. '죽음의 입맞춤(Kiss of death)'은 오늘날에도 드라큘라와 같은 영화에 잘 사용되는 중요한 소재가 되었다.

과학과 의학이 발달하지 못했던 중세 시대에는 죽음과의 대면이 지금보다 훨씬 더 갑작스러운 일이었다. 역병이 유행하고 있는지, 전쟁의 포화가 자신의 마을을 향하는지, 국가 경제 붕괴와 흉년으로 지금의 돈으로는 식량을 못구하게 될지 알 수 없었다. 죽음은 누구도 알 수 없게 갑자기 그리고 끔찍한 형태로 다가오는 공포 그 자체다.

클림트도 작품「죽음과 삶」에서 이런 우리의 운명을 잘 표현하고 있다. 무덤의 십자가를 두른 죽음의 신은 촛대를 몽둥이 삼아 들고 늘 우리 곁에 서 있다. 삶을 영위하는 사람들은 하나로 뭉쳐 있다. 삶은 혼자서 영위할 수 없다. 아이는 엄마의 도움을 받고, 남성은 자

죽음과 나무꾼 Death and the woodcutter
▶ 1858~1859/77×100cm/캔버스에 유화
▶ 밀레(Jean-François Millet/1814~1875/프랑스)
▶ 클립토테크 미술관(Ny Carlsberg Glyptotek/코펜하겐 덴마크)

신의 여인을 안고 있다. 삶의 주위에는 꽃도 피고 행복한 순간, 슬픈 순간이 공존한다. 사람들은 그렇게 살아간다. 죽음의 신은 손을 뻗어 우리를 선택하지 않는다. 그냥 우리 곁에서 기다린다. 죽음은 남녀노소, 때와 장소를 가리지 않는다. 죽음은 삶을 영위하는 우리 곁에 늘 서 있다. 밀레의 작품「죽음과 나무꾼」에서처럼 잠시 쉬는 한 순간에도 죽음의 신은 한 생명을 훅하고 낚아채 갈 것이다.

현대인은 어떻게 죽음에 직면하고 있을까? 우리나라 통계청에서는 매년 사망원인 통계를 발표한다. 한국인이 사망하는 원인은 매우 다양하다. 2019년 한국인의 10대 사망원인은 암, 심장 질환, 폐렴, 뇌혈관 질환, 자살, 당뇨, 알츠하이머, 간 질환, 만성하기도 질환, 고혈압성 질환 순이다. 사망한 사람의 나이도 영아에서부터 80세 이상 노인까지 다양하다. 영아는 암, 10대에서 30대는 자살, 40대 이상은 암이 사망 원인 1순위다.

　미래 사회에는 인공지능(AI, Artificial intelligence)의 발달로 각종 사고와 질병의 위험성이 줄어들 것이다. 또한 생명 과학은 사람의 노화 과정을 이해하고 늦출 수 있는 방법을 찾을 것이다. 이렇게 미래 사회에는 과거 어느 때보다 죽음을 예측하고 그에 대비할 기회를 줄 것이다. 하지만 결국 인간은 운명적으로 유한한 생명을 가진 존재다. 만약 불멸의 존재가 된다면 인류에게 미래란 없을 것이다. 생명 과학적으로 진화 속도가 엄청 느려져 결국 자연 선택 과정에서 도태될 가능성이 더 커지기 때문이다. 죽음은 태어나 살아가는 시간 속 어느 틈에서 마주쳐야 한다. 오늘은 금세 어제가 되고, 미래는 시나브로 현실이 된다. 클림트의 작품처럼 인생은 내 옆에 누군가가 있어 아름답다. 인생의 황금기인 현재를 감사하고 즐겁게 살아가려면 노력이 필요하다. 죽음을 마주했을 때, 여러분에게 또 다른 선택의 기회란 없다.

성모 승천 Assumption of the Virgin Mary

예술가 루벤스(Peter Paul Rubens/1577~1640)
국적 벨기에
제작 시기 1626년
크기 490×325cm
재료 캔버스에 유화
소장처 성모 마리아 대성당(Cathedral of Our Lady/벨기에 안트베르펜)

6 의식을 조정하다

> 우리 민족에게도 그 무엇과도 바꿀 수 없는 정신적 지주인 팔만대장경이 있습니다. 해인사는 세계적 보물인 팔만대장경판이 있는 곳입니다. 그런 곳을 어찌 수백 명의 공비를 소탕하고자 잿더미로 만들 수 있겠습니까? 공비들은 며칠이 지나면 해인사를 떠날 것입니다. 저는 반만년의 역사를 가진 한국의 공군 장교입니다. 우리의 소중한 문화재를 지키기 위해서는 폭탄을 투하할 수 없었습니다.
>
> – 김영환 대령, 해인사 폭격 명령 지시를 불이행한 사유 진술 중

벨기에 제2의 도시 안트베르펜(Antwerpen)에는 웅장한 성모 마리아 대성당이 있다. 이 성당은 1351~1521년 무려 230년의 공사 기간을 거쳐 완성되었다. 그야말로 벨기에 최고의 성당이다. 우리나라 사람에게는 이름이 생소할지 몰라도 의외로 매우 친숙한 장소다. 성당의 내부에 천재 화가 루벤스의 대작들이 걸려 있기 때문이기도 하지만 무엇보다 『플란다스의 개(A Dog of Flanders)』의 무대이기 때문이다. 바로 이 성당이 네로와 파트라슈가 죽음을 맞는 장소다. 그래서 성당 앞 광장에는 네로와 파트라슈가 도로를 이불 삼아 잠들어 있는 모습의 동상도 있다. 『플란다스의 개』는 위다(Ouida, 1839~1908)

라는 필명을 가진 영국 여류작가의 1872년 소설이다. 이 소설은 별로 유명한 작품은 아니었다. 심지어 벨기에 사람들조차 알지 못했다. 이 소설의 유명세는 먼 일본에서 시작되었다. 1975년 쿠로다 요시오 감독이 만화 영화로 만들어 TV에 방영되면서 선풍적인 인기를 얻게 되었다. 만화에 감명을 받은 수많은 일본 관광객이 벨기에로 몰려들었다. 그제야 벨기에 사람들도 플란다스의 개를 알게 되었다. 플랜다스(Flanders)는 벨기에의 북부지역을 부르는 명칭이다. 사람들은 네로와 파트라슈의 배경이 된 지역을 찾기 시작했고, 성당에서 5Km 정도 떨어진 호보켄 지역이라는 것을 밝혔다.

루벤스는 가난한 집안에서 태어나 자랐다. 하지만 6개 국어를 자유롭게 구사할 정도로 머리가 남달랐던 그는 외교관이 되었다. 본격적으로 그림을 그리기 시작한 것은 23살이라는 늦은 나이였다. 미술 공부를 위해 이탈리아를 다녀오기도 한 그는 미켈란젤로, 라파엘, 레오나르도 다빈치 등의 작품에 영향을 받았다. 의뢰인들이 좋아할 만한 그림을 그릴 수 있는 실력과 그들의 요구 사항을 정확히 이해할 수 있는 뛰어난 말솜씨로 금세 명성을 얻기 시작했다. 특히 외교관이었던 그는 유럽 각국 왕들의 지지와 사랑도 받았다. 「성모 승천」만 보아도 루벤스는 매우 역동적이고, 풍부한 색감으로 웅장한 작품을 그렸다는 것을 알 수 있다. 그의 작품을 바로크 회화의 집대성이라고 부를 만하다. 이는 동시대의 렘브란트와 많이 비교되는 점이다. 렘브란트는 뛰어난 예술적 재능은 있었지만, 자신만의 작품 세계를 고집했다.

네로의 꿈은 화가였다. 가난한 네로는 비싼 물감을 사용할 수 없었다. 쉽게 구할 수 있는 목탄으로 그림을 그려야만 했다. 더군다

십자가에서 내려지는 예수 그리스도 The Descent from the Cross
- 1612~1614/420×320cm/패널에 유화
- 루벤스(Peter Paul Rubens/1577~1640/벨기에)
- 성모 마리아 대성당(Cathedral of Our Lady/벨기에 안트베르펜)

나 가난으로 공모전에서도 실력에 합당한 평가를 받을 수 없었다. 그런 그에게 루벤스는 항상 동경의 대상이었다. 대성당에 걸려 있는 루벤스의 작품을 보는 것이 네로의 소망일 정도였다. 「성모 승천(Assumption of the Virgin Mary)」은 성모 마리아 대성당의 이름처럼 성당의 정중앙에 있는 예배당 위에 걸려 있다. 성당에는 이외에도 루벤스의 「십자가에서 내려지는 예수 그리스도」와 「십자가를 세움」이 걸려 있다. 하지만 늘 두꺼운 천으로 가려져 있고, 더군다나 이 작품을 보려면 은화 한 닢을 내야만 했다. 작가는 네로와 파트라슈가 쓸쓸한 죽음을 맞는 장소로 「십자가에서 내려지는 예수 그리스도」를 선택했다. 갈 곳 없이 추위를 피할 장소를 찾아 헤매던 네로는 성당으로 들어갔다. 성당에는 네로가 그렇게 보고싶던 루벤스의 작품을 가리고 있던 장막이 걷혀있었다. 마을 사람들에게 외면받은 착한

네로는 자신의 마지막 소망을 이룰 수 있었다. 네로와 파트라슈는 십자가에서 내려지는 그리스도 모습처럼 죽어갔다. 어느덧 성당에는 아기 천사들이 내려와 네로와 파트라슈를 우유 수레에 태워 성모가 승천하듯 하늘로 올려보냈다. 소설에서처럼 세계적인 명화가 주변에 있고, 죽기 전 보고 싶은 작품이 있다는 것도 정말 부러운 일이다. 당신에게는 죽기 전 꼭 한 번이라도 보고 싶은 작품이 있나요?

알폰스 무하(Alfons Maria Mucha, 1860~1939)는 포스터 작가로 유명하다. 1887년 프랑스 파리에서 미술을 배우며 잡지와 광고에 삽화를 그렸던 그는 별다른 명성을 얻지 못하고 있었다. 그러던 무하에게 크리스마스의 행운이 찾아왔다. 1894년 파리 르네상스 극장에서 급하게 새로운 연극 포스터를 주문한 것이다. 크리스마스라 일을 맡을 마땅한 작가가 없는 상황에서 무하가 이 일을 맡았다. 무하는 기존 관념을 깨는 독특한 포스터를 그렸다. 크기도 남달랐는데 길이가 2m나 되었다. 주인공을 실제 크기로 그린

지스몽다 Gismonda
▶ 1894/217.9×75cm/종이에 석판화
▶ 무하(Alphonse Mucha/1860~1939/체코)
▶ 개인소장

▶ 슬라브서사시를 그리는 무하(1920s)

포스터를 받아 든 극장 관계자는 난처했다. 하지만 이 포스터의 주인공이었던 사라 베르나르(Sarah Bernhardt, 1844~1923)는 포스터를 보고 단번에 그의 예술성을 알아보았다. 그녀의 눈에는 무하의 포스터가 너무 매혹적이었고, 관객을 유혹하기 충분했다. 심지어 베르나르는 감동에 눈물까지 흘렸다고 전해진다. 무하의 포스터는 19세기 작품이라고 믿기지 않게 지금도 전혀 어색하지 않고 세련된 작품이다. 그의 명성이 높아지자 과자, 맥주, 자전거 등 거의 모든 회사에서 포스터 주문이 몰려들었다.

무하에게는 시대를 뛰어넘는 안목이 있었다. 특히 연극「메데」의 포스터에서 무하는 사라 베르나르의 왼손에 뱀 모양의 팔찌를 그려 넣었다. 그녀는 이를 직접 착용하고 무대에 서고 싶다는 특별한 요청을 해왔다. 그는 실제 착용할 수 있는 뱀 팔찌를 디자인했고, 보석 세공사인 조르주 푸케(Georges Fouquet, 1858~1952)가 이를 완성했다. 이 뱀 팔찌는 매우 창의적이고 섬세해서 지금 착용해도 전혀 어색하지 않을 작품이다. 무하의 작품은 타로나 「세일러문」과 같은 만화영화에도 영향을 주었다. 이렇게 아르누보 시대를 대표하는 무하는 현대적 디자인과 포스터계의 선구자다.

체코에서 알폰스 무하는 단지 유능하고 성공한 상업 미술가가 아니다. 국민적 영웅이다. 1918년 독립한 체코의 새 정부가 사용할 우표, 은행권, 문서 등을 디자인했다. 또한 18년간 20개의 거대하고 웅장한 기념비적 「슬라브 서사시(The Slav Epic)」 연작도 그렸다. 1928년 완성한 이 작품에는 처절했던 슬라브 민족의 역사가 담겨있다. 지금도 작품당 8×6m에 달하는 엄청난 크기 때문에 작품을 전시할 공간을 찾지 못할 정도다. 그러나 슬라브 민족을 하나로 모으는 그의 예술성은 히틀러에게 심각한 적대행위였다. 독일은 민족의 구심점으로 작용하는 무하를 그대로 둘 수 없었다. 1939년 3월 프라하를 점령한 독일군은 고령이었던 무하를 검거했다. 무하는 옥중에서 심각한 고문에 시달려야 했다. 고문으로 기력을 잃은 무하는 결국 폐렴으로 죽음을 코앞에 두고서야 풀려날 수 있었다. 독일은 시민들의 애국심이 고양될까 두려워 가족 이외에 그 누구도 장례식에 참석하지 못하도록 금지령을 내리면서까지 장례식을 막았다. 하지만 만여 명의 체코인이 그의 죽음을 애도하며 몰려들었다. 그들은 영웅의 마지막 길에 애도를 표했다. 현재 알폰스 무하는 비셰그라드 국립묘지에 안장되어 있다. 무하는 자신의 작품으로 죽게 되었지만, 지금도 체코인의 존경과 사랑을 받는 예술가로 남아 있다.

15세기 초, 네덜란드에서도 르네상스 바람이 일기 시작했다. 그러나 이탈리아와 달리 고딕 양식을 파괴하는 방향으로 개혁이 시작됐다. 일상과 주변 인물을 사실적으로 묘사하는 데 힘썼다. 이를 고스란히 담은 북유럽 르네상스 미술의 정수가 바로 현재 벨기에 북서부의 헨트 성 바보(Saint Bavo) 성당에 걸려 있는 「헨트 제단화(Ghent Altarpiece)」다. 헨트 제단화는 성경에 기록된 구원의 역사를 표현하고 있다. 작품에는 100여 명의 인물이 등장한다. 아마인유(linseed oil 또는 flaxseed oil)에 물감을 섞어 사용한 유화 작품으로 표면이 반짝거리고 광택이 나는 것이 특징이다. 인물의 피부색, 의복 장식, 아름다운 꽃과 나무도 맑고 선명하다. 반 에이크 형제는 달걀노른자를 사용한 템페라 기법에서 벗어나 유화 기법을 잘 살려 표현했다. 그들은 미술사적으로 유화의 발전에 크게 이바지했다.

「헨트 제단화」는 제단 위에 여닫을 수 있도록 제작되어 주일 예배나 성인의 축일에는 펼쳐 놓는다. 이 작품을 펼치면 상단 왼쪽에서부터 아담, 천사, 마리아, 그리스도, 세례자 요한, 천사, 이브가 그려져 있고, 하단에는 재판관, 기사, 어린 양의 경배, 그리고 순례자가 등장한다. 이를 닫으면 상단에는 천사가 마리아에게 그리스도의 잉태를 알리는 수태고지 장면, 하단에는 빨간색 옷을 입은 제단화의 주인 부부와 성인의 모습이 있다. 주인 부부는 성인과 같은 크기로 그려져 있어 르네상스의 가장 중심 사상인 인본주의에 영향을 받았음을 알 수 있다.

2차세계대전이 한창이던 1944년 2월 15일, 연합군은 이탈리아 로마 남부에 자리한 몬테카시노 수도원에 대규모 공습을 했다. 이 수도원은 베네딕트 수도회가 탄생한 곳으로 1000년을 지켜온 성지였다. 하지만 연합군은 이 수도원을 단지 독일군이 진을 친 '나치의 상징'으로 여겼다. 수도원 파괴는 용납될 수 없었다. 로마 바티칸뿐 아니라 세계적인 비난 여론이 들끓었다. 이에 연합군은 특별 임

헨트 제단화 The Ghent Altarpiece
- 1430~1432/open: 340×520cm/closed: 350×223cm /참나무 패널에 유화
- 반 에이크 형제/얀(Jan van Eyck, circa 1395~1441), 후베르트(Hubert van Eyck, circa 1366~1426)/프랑스
- 성 바보 성당(St Bavo's Cathedral, Ghent, 벨기에)

무를 수행할 부대를 창설하게 되는데, 그것이 바로 모뉴먼츠 맨으로 잘 알려진 '기념물, 미술품, 기록물 전담반(Monuments, Fine Arts, and Archives program, MFAA)'이다. 쉽게 말해 문화재를 지키는 부대다. 세계 각국에서 자원한 350여 명의 대원은 주로 나치가 은닉한 예술품을 찾아다녔다.

▶ 1945년 7월 오스트리아 알타우세에서 헨트 제단화를 분리하는 모습. 워싱턴국립공문서관 소장

모뉴먼츠 맨에 의해 발견된 걸작 중 하나가 바로「헨트 제단화」다. 히틀러가 약탈한 문화재들을 보관한 오스트리아 알타우세 소금광산에서 회수했다. 이 광산은 노이슈반슈타인 성과 함께 나치가 예술품을 숨긴 주요 장소 중 하나였다. 이 거대한 보물창고는 연합군이 독일에 진입하면 국가 기반시설을 파괴하라는 이른바 히틀러의 '네로 명령'에 의해 폭파될 운명이었다. 작품을 찾은 후 시간이 없었다. 작품의 운송 과정도 매우 긴박하게 진행되었다. 모뉴먼츠 맨 부대가 광산을 발견할 당시 얄타 회담이 타결되면서 알타우세가 언제 소련 점령지역이 될지 알 수 없었기 때문이다. 이때 요원들은

전문성을 발휘하여 빠르게 작품을 구분하고 포장했다. 이때 여러 개의 폭으로 구성된 「헨트 제단화」는 각각의 패널을 분리해 옮겼다.

모뉴먼츠 맨은 유럽에서만 공을 세운 게 아니었다. 1950년 9월 25일 북한군이 모인다는 첩보를 입수한 미국은 덕수궁을 포격하기로 한다. 하지만 제임스 해밀턴 딜 중위는 이 포격을 반대했다. 결국 모뉴먼츠 맨의 정신으로 6·25 전쟁의 포화 속에서 덕수궁을 지켜낼 수 있었다.

1964년 영화 「The Train」은 2차세계대전이 끝날 무렵, 독일이 프랑스의 미술 작품을 본국으로 이송하려던 계획을 프랑스 철도 노동자들이 목숨을 걸고 저지한 실화를 바탕으로 만든 작품이다. 일반적으로 생물은 자신의 생존에 필요한 것을 차지하기 위한 것이 아니면 목숨을 걸지 않는다. 오직 사람만이 지적 활동으로 만든 예술 작품에 목숨을 거는 행동을 보인다. 마치 문화에 감염된 좀비처럼 행동한다.

자연에 존재하는 많은 생물에서 자신의 의지가 아닌 다른 무엇인가에 의해 조정되는 현상은 흔히 찾을 수 있다. 우리나라에서는 가을이 되면 사마귀가 스스로 물에 빠지는 행동을 흔히 찾아볼 수 있다. 사마귀의 배 속에 기생하던 연가시(*Gordius aquaticus*) 때문이다. 연가시는 사마귀를 조종해 물속으로 들어가게 한 후 자신은 짝짓기를 위해 사마귀 몸에서 빠져나온다. 또 미국 남서부에는 개구리에 기생하는 리베이로이아 온다트레(*Ribeiroia ondatrae*)도 있다. 이 기생충은 개구리가 다리를 형성하는 과정에 필요한 비타민 A를 과다 분비해 다리를 더 만들게 한다. 그 결과 기형으로 성장한 개구리는 움직임이 둔해져 새와 같은 포식자에게 쉽게 잡아 먹힌다. 기생충은 새를 타고 날아다니며 좀 더 넓은 지역으로 퍼져나간다. 생물을 좀비로 만들어 버리는 기생충의 공격에 사람도 예외는 아니다. 기니 웜이라고도 불리는 메디나충(*Dracunculus medinensis*)은 아프리카, 중동, 인도, 파키스탄 등에 분포하는 기생충이다. 사람에 기생하면서 번식을 위해 사람을 물가에 가도록 조정한다. 사람이 만든 예술품은 생물도 아니면서 사람을 자신에게 집착하도록 조종한다. 자신이 살아남기 위해 사람을 조종하여 심지어 목숨까지 바치도록 만든다. 리처드 도킨스는 그의 저서 『이기적 유전자』에서 생각과 신념도 유전자처럼 뇌에서 뇌로 복제되어 전달된다고 설명한다. 진화와 문화를 설명하기 위해 유전자와 비슷한 자기복제자로 '밈(meme)'이라는 용어를 사용했다. 종교전쟁, 이데올로기 전쟁 등과 같이 역사적으로 수많은 사람이 자신의 종교와 신념을 지키고 전달하기 위해 기꺼이 목숨을 바쳤다. 우리는 우리가 옳다고 생각하는 방식으로 삶을 살아간다. 우리의 몸은 부모로부터 물려받은 유전자와 문화 속에서 습득한 경험의 정보로 살아간다. 밈은 어느 순간 경험이라는 이름으로 우리의 뇌에 기생하며 자라기 시작한다. 결국 예술 작품은 지속적으로 인간을 조종하며 살아남고 진화를 거듭하고 있다.

 **알프스를 넘는 나폴레옹** Napoleon Crossing the Alps

예술가 자크루이 다비드(Jacques-Louis David/1748~1825)
국적 프랑스
제작 시기 1800년
크기 259×221㎝
재료 캔버스에 유화
소장처 말메종 성(Château de Malmaison/프랑스 말메종)

7 정치에 관여하다

인간은 정치적 동물(zōon politikon)이다.
- **아리스토텔레스**(BC 384~323)

 난세는 영웅을 만든다. 프랑스 대혁명은 나폴레옹을 영웅으로 만들었다. 나폴레옹 보나파르트(Napoléon Bonaparte, 1769~1821)는 프랑스 본토가 아닌 코르시카 출신이다. 코르시카는 지중해에서 4번째로 큰 섬으로 1768년 프랑스에 팔릴 때까지 제노바의 영토였다. 변호사인 아버지의 노력으로 나폴레옹은 프랑스 육군 사관학교에 진학할 수 있었다. 하지만 본토 출신도 아닌 그는 기존 귀족계급에 속할 수 없었다. 그런 그에게 기존 질서의 변혁을 부른 프랑스 대혁명은 절호의 기회였다. 혁명파에는 군을 통솔할 능력 있는 장교가 절대적으로 부족했다. 그도 그럴 것이 대부분 장교는 기득권을 가진 귀족 출신이었고, 그들 대부분은 왕정 복권을 시도하는 왕정파에 속해 있었다.
 1793년 24세의 젊은 포병 대위였던 나폴레옹에게 절호의 기회가 찾아왔다. 프랑스 남부 항구 도시인 툴롱에 왕정파를 지원하기 위한 영국 함대가 들어왔다. 툴롱에서의 포위전은 혁명파의 운명을 결정지을 수도 있는 중요한 전투였다. 나폴레옹은 뛰어난 포병 전술로 전쟁을 승리로 이끌었다. 이 단 한 번의 승리로 그는 포병대 지휘관이 될 수 있었다. 그 후 잊힐 수도 있었던 나폴레옹은 1795년 10월 다시 한 번 역사의 무대에 화려하게 등장했다. 혁명에 반대하는 세력들은 힘을 모아 파리에서 반란을 일으켰고, 오스트리아 등의 주위 국가도 군을 보내 그들을 지원하기에 이르렀다. 수적으로 열세였던 혁명군은 지휘권을 나폴레옹의 손에 쥐여주었다. 나폴레옹은 파리 시가전에 대포를 동원하며 무자비하게 반대파들을 쓸어 버렸다. 그는 이 피로 쌓은 공을 인정받아 사단장에 오를 수 있었다. 역사라는 무대 한가운데에 나폴레옹이 등장한 것이다. 나폴레옹은 프랑스의 공화정을 위협하는 주변국을 적극적으로 제압하기 시작했다. 오스트리아는 그렇게 그의 첫 정복 대상이 되었다.

오스트리아는 오랜 숙적이었던 프랑스와 동맹을 맺기 위해 루이 16세와 마리 앙투아네트를 정략 결혼시켰다. 프랑스 대혁명은 왕권을 약화시켰을뿐 아니라 오스트리아가 사랑한 공주의 목숨도 빼앗아 갔다. 오스트리아는 프랑스 왕정을 복권하고, 마리 앙투아네트의 복수를 하고 싶었다. 오스트리아의 눈에 혁명군은 복수와 제거의 대상이었다.

1800년 나폴레옹은 제1 통령으로 실권을 장악한 후 오스트리아 공격을 결정한다. 하지만 그 당시 이탈리아 북부 제노바에 주둔해 있던 프랑스군은 오스트리아군에게 포위되어 있었다. 오스트리아 지원군이 도달하기 전에 이 상황을 역전시켜야 했다. 문제는 시간이었다. 결국 나폴레옹은 모험을 감행했다. 1800년 5월 나폴레옹의 군대가 알프스의 험준한 협곡을 넘은 것이다. 기습적으로 후방을 공격당한 오스트리아는 지원군이 도달하기 전인 1800년 6월 결국 마렝고 전투에서 항복할 수밖에 없었다. 나폴레옹이 인접국과의 첫 전쟁에서 대승을 거둔 것이다.

　나폴레옹은 정치 선전 도구로서 그림의 가치를 잘 이해하고 있었다. 나폴레옹은 화가 다비드의 능력을 알아보았고, 그를 궁정화가로 임명했다. 다비드는 나폴레옹의 기대를 완벽히 충족시켰다. 그의 작품 「알프스를 넘는 나폴레옹」에는 '나의 사전에 불가능이란 없다.'라는 나폴레옹의 의지가 잘 드러난다. 추운 날씨마저도 굴복시키지 못할 그의 굳은 의지는 힘찬 말 위에 올라 모두가 향해야 할 목표를 가리키는 손끝에 모여 있는 듯하다. 다비드는 보나파르트의 이름을 역사상 가장 위대한 군사령관인 한니발 바르카(Hannibal Barca, BC247~BC183·181)와 로마 황제 카롤루스 마그누스(Carolus Magnus, 742~814)와 함께 바위에 새겨 놓았다. 이제 나폴레옹은 역시적 위인의 반열에 올랐다. 다비드의 「알프스를 넘는 나폴레옹」은 일종의 정치 선전용 포스터였다. 나폴레옹은 이 작품에 흡족한 나머지 3점을 더 그리도록 했고, 다비드가 다시 1점을 더 그려 총 5점이 남아 있다.

　나폴레옹이 알프스를 넘어 측면을 노릴 것이라는 전략을 오스트리아는 제대로 예측하지 못했다. 그 험준한 산길을 대규모의 군이 넘는 것은 사실상 거의 불가능에 가까운 일이었다. 폴 들라로슈의 작품 「알프스를 넘는 나폴레옹」을 한번 감상해 보자. 들라로슈는 과장하거나 왜곡하지 않고 있는 그대로를 사실적으로 표현하고자 했다. 그의 작품에서 나폴레옹은 노새를 타고 추위에 지친 모습으로 힘겹게 알프스를 넘고 있다. 작품 속 나폴레옹은 영웅이라기보다 단지 고통을 견뎌내야만 하는 평범한 인간으로 묘사되었다.

알프스를 넘는 나폴레옹
Napoleón cruzando los Alpes
▸ 1850/279.4×214.5cm/캔버스에 유화
▸ 폴 들라로슈(Paul Delaroche/1797~1856/프랑스)
▸ 워커 아트 갤러리(Walker Art Gallery/영국 리버풀)

　알프스의 성 베르나르 대협곡(Great St Bernard Pass)에는 그 당시 흔적이 남아 있다. 지금도 프랑스군 4만 명이 넘기는 힘든 협곡임이 틀림없다. 나폴레옹은 이 협곡을 넘을 군수 물자를 공급하기 위해 주변 마을에서 와인, 치즈, 고기 등 가능한 모든 물자를 착취했다. 그리고 그 대가로 4만 프랑의 차용증을 써 주었다. 하지만 전쟁 후에도 그 돈을 다 갚지 않았다. 결국 전쟁을 위한 약탈이었다. 나폴레옹의 원정은 모든 국민에게 정의로운 것은 아니었다. 다행히도 1984년 프랑스 프랑수아 미테랑 대통령이 그 빚을 모두 청산했다.

　장폴 마라(Jean-Paul Marat, 1743~1793)는 내과 의사, 철학자, 정치가, 언론인이다. 그는 1789년 프랑스 혁명의 역사적 소용돌이 한가운데 서 있었다. 마라는 「인민의 벗(L'Ami du peuple)」이라는 신문을 발행했다. 매우 급진 좌파 성향인 그는 사회 변혁에 소극적인 정부를 비판하고 하층민을 지지하고 선동하는 격정적인 기사를 실었다.

그 당시 프랑스는 급진적인 자코뱅당과 온건한 지롱드파가 혁명 속에 대립하던 혼돈의 시기였다. 1792년 튈르리 궁전 습격 사건(Prise des Tuileries)과 9월 학살(Massacres de Septembre)도 그의 선동과 깊은 관련이 있었다. 프랑스 혁명은 재정 파탄으로 성난 민중이 왕권에 대항했고, 역사의 추는 자코뱅당으로 기울어지고 있었다. 결국 자코뱅당은 루이 16세를 단두대에 세움으로써 혁명의 마침표를 찍고 싶었다. 하지만 혁명은 왕의 처형만으로 완성되는 것이 아니다. 피는 더 많은 피의 대가를 요구했다. 사람들이 피로 얼룩지는 혁명의 원흉을 마라라고 생각하기 시작했다. 학살이 번져나갈수록 군중은 마라와 자코뱅당의 난폭성에 점점 더 분개했다. 결국 마라는 공포와 증오의 화신이 되었다.

평범한 여성이었던 샤를로트 코르데(Marie-Anne Charlotte de Corday d'Armont, 1768~1793)는 학살을 지켜보며 충격에 빠졌다. 그녀는 권력을 쥐고 있던 마라를 제거해야만 지긋지긋한 학살을 멈출 수 있다고 판단했다. 그녀는 외국 군대와 함께 혁명을 끝내려는 반역자들의 명단이 있다는 구실로 마라에게 접근했다. 마라는 반역자를 심판하겠다며, 그녀를 집무실로 불러들였다. 마라는 심한 피부병으로 늘 약제가 든 치료용 욕조에서 사무를 보고 있었다. 집무실에 들어간 그녀는 숨겨간 비수를 주저 없이 마라의 가슴에 찔러넣었다. 그녀는 자신의 선택이 정의롭다고 생각하였다. 살해 현장에서 도망치지도 않았다. 심지어 재판정에서도 그녀는 떳떳했다. 재판과 처형은 신속했다. 마라를 죽인 지 3일 만에 그녀의 아리따운 생명은 단두대에서 한 방울의 이슬처럼 사라졌다.

기요탱(Joseph-Ignace Guillotin, 1738~1814)은 1789년 프랑스 혁명 직후

에 국민의회 의원으로 활동하며, 사형집행인과 사형수 모두의 고통을 덜 수 있도록 사형수를 기계로 처형해야 한다는 인도주의 법률을 통과시키는 데 앞장섰다. 그는 모두에게 공평하고 고통이 덜한 처형 방법이 필요하다는 주장을 펼쳤다. 이렇게 탄생한 단두대(기요틴, Guillotine)는 1792년 정식 사형 도구로 공인받았다. 아이러니하게도 그 후 프랑스 콩코드 광장에는 참수 집행이 한계에 이를 정도로 급속히 증가했다.

다비드는 「마라의 죽음」으로 마라를 순교자이자 불멸의 영웅으로 만들었다. 「마라의 죽음」은 프랑스 혁명의 상징적인 이미지가 되었다. 다비드는 그리스도의 애도를 표현한 종교 그림이나 기독교 순교 장면에서 일반적으로 사용되는 모든 장치를 「마라의 죽음」에 녹여 넣었다. 우선, 웅장하고 화려했을 욕실의 장식을 모두 제거했다. 배경은 어둡고 공허한 일종의 엄숙한 연극 세트처럼 만들어 관

마라의 죽음 The Death of Marat
▶ 165×128cm/캔버스에 유화
▶ 다비드(Jacques-Louis David/1748~1825)
▶ 벨기에 왕립미술관(Royal Museums of Fine Arts of Belgium/벨기에 브리셀)

람자가 마라가 죽은 모습에 집중할 수 있도록 만들었다. 마라의 머리는 뒤로 젖혀졌고 부드러운 조명 빛을 받고 있다. 입술에는 혁명의 완성을 꿈꾸듯 달콤한 미소가 남아 있다. 그렇게 마지막 숨을 내쉬었을 것이라 상상하도록 만들었다. 그의 자세와 우측 빗장뼈(쇄골) 바로 아래에 칼에 찔린 선명한 칼자국은 모두 십자가에 걸린 예수의 모습을 연상하도록 만들었다. 피부는 치료받아야 하는 환자라기에는 너무 부드럽고 깨끗하다. 오른팔도 카르바조의 「매장(The Entombment of Christ)」에서 예수를 연상시키는 방식으로 늘어져 있다. 그 오른팔의 끝에 마지막까지 사용했을 펜은 이제 막 그의 손을 떠나려는 듯 아쉬움을 남겼다. 피 묻은 칼은 그의 팔꿈치 바로 아래에 떨어져 있다. 마라는 이렇게 죽는 순간까지도 혁명과 인민을 위해 노력했음을 증언하는 듯하다. 죽은 마라의 모습은 이제 모든 자신의 운명을 다 마친 듯 미켈란젤로의 「피에타」 속 예수처럼 몹시도 평온하다. 다비드는 지저분하고 혼란스러웠을 암살 현장을 전통적인 방식으로 평화로운 순교의 장소로 왜곡시켰다. 1793년 10월 루브르 박물관에서 처음 공개된 「마라의 죽음」은 한 달 후 공화당 전당 대회에 제출되었다. 다비드는 자신이 만든 민중을 위한 순교자의 이미지가 영원히 지속될 것이라 믿었다. 그리고 그의 판단은 옳았다.

그의 왼손에는 실제 존재하지 않았을 코르테의 편지가 있다. 편지에는 "1793년 7월 13일. Marie-Anne Charlotte Cordray가 Citizen Marat에게. 저는 불행하므로 당신의 호의를 요청할 권리가 있습니다."라는 내용이 적혀 있다. 다비드는 마라가 군중의 불만을 해결하기 위해 집무실을 항상 열어 놓고 있었다는 환상을 만들었다. 더욱

샤를로트 코르데 Charlotte Corday
- 1860/203×154cm/캔버스에 유화
- 폴 자크 에메 보드리(Paul-Jacques-Aime Baudry/1828~1886)
- 낭트 미술관(Arts Museum of Nantes/프랑스 낭트)

마라의 죽음 The death of marat
- 1907/150×199cm/캔버스에 유화
- 뭉크(Edvard Munch/1863~1944/노르웨이)
- 뭉크 미술관(Munch Museum/노르웨이 오슬로)

이 그가 죽기 전까지 테이블로 활용한 거친 상자 위에는 조국을 위해 목숨을 바친 다섯 자녀의 어머니가 요청한 돈을 주겠다고 쓴 편지가 있다. 또 다른 감성을 불러일으킬 거짓 장치다. 다비드의 작품을 보드리의 「샤를로트 코르데」와 뭉크의 「마라의 죽음」과 비교해 보면 완전히 다른 느낌을 받을 수 있다. 특히 뭉크의 작품에는 그날 그 사건 현장에서 코르데의 심리가 얼마나 처절하고 복잡했을지 잘 표현되어 있다. 다비드의 작품에서처럼 여성인 코르데가 아무런 저항 없이 단번에 단단한 근육과 뼈를 피해 연약한 빗장뼈 아래로 칼을 깊숙이 찔러넣어 순식간에 살인을 저지른다는 것은 불가능하다.

 사람은 정치적 문제에 대해 자신의 정치 성향에 따라 사실을 받아들인다. 그리고 이런 성향은 최근 방송과 신문뿐 아니라 인터넷과 각종 개인 미디어의 발달로 갈수록 심해지고 있다. 그 결과 사회 구성원들의 정치 성향이 극단적으로 양분되고 있다. 심지어 '지구는 평평하다', '아폴로 11호는 달에 간 적이 없다', '일본의 위안부 만행은 날조된 것이다' 등의 이상한 주장까지 판치고 있다. 이런 사람들은 아무리 객관적 근거를 들어 설명해도 그 내용을 부정하고 받아들이려 하지 않는다. 이렇게 원래 가지고 있는 생각이나 신념을 확인하고 견고히 하려는 특성을 확증 편향(Confirmation Bias)이라고 한다.

기본적으로 동물에게 확증 편향은 생존에 매우 불리한 특성이다. 만약 동굴에 숨어 있던 피식자가 '밖에는 포식자가 없을 거야!'라는 믿음으로 나돌아다니면 결과는 보지 않아도 뻔하다. 자손을 남기지도 못하고 진화의 과정에서 모두 절멸했을 것이다. 하지만 사람에게는 이 확증 편향이 진화의 과정에서 오히려 도움이 되었다. 사람이 지능을 가진 사회적 동물이기 때문이다. 사람은 생존을 위해 집단의 협력이 필요한데, 협력을 이끌어 내려면 생각을 논리적으로 말하고 설득시키는 과정이 필수적이다. 누군가를 설득하고 받아들이려면 자신이 생각하고 믿는 것에 대한 확신이 필요하다. 이런 특성이 확증 편향으로 이어졌을 것이다.

진화심리학자는 사람의 확증 편향이 수렵과 채집 과정을 거치면서 더욱 발달했을 것으로 생각한다. 남성은 수렵 과정에 협력이 필요하고, 여성은 채집 과정에서 정보의 교환이 절대적으로 유리하기 때문이다. 사람의 뇌는 이런 진화의 과정을 거쳐 현재에 이르렀다. 그 과정에서 확증 편향과 관련된 논리와 추론이라는 작동 회로가 뇌에 기본적으로 구축되었다면 이는 쉽게 바뀌지 않을 것이다. 결국 사람은 누구나 확증 편향을 가지게 된다는 결론에 도달한다.

다비드와 같은 예술가는 이를 잘 활용했다. 지금도 많은 정치인과 언론인이 이를 활용하고 있다. 이런 점에서 사람은 우선 자신이 합리적으로 판단하기 어렵다는 것을 먼저 이해하고 받아들여야 한다. 그리고 나와 다른 남의 존재를 존중하고 받아들여야 한다. 자신이 존중받으려면 남을 위한 배려가 우선이다. 그렇지 않으면 누구도 이기지 못하는 경쟁에 내몰릴 수밖에 없다.

2

생명이 위협받다

노예선 The Slave Ship

예술가 요지프 말로드 윌리엄 터너(Joseph Mallord William Turner /1775~1851)
국적 영국
제작 시기 1840년
크기 90.8×122.6cm
재료 캔버스에 유화
소장처 보스턴 파인 아트 미술관
(Boston Museum of Fine Arts/미국 보스턴)

1 광기를 드러내다

> 1947년 3월 1일을 기점으로 하여 1948년 4월 3일 발생한 소요사태 및 1954년 9월 21일까지 발생한 무력 충돌과 진압과정에서 주민들이 희생당한 사건으로 미군정기에 발생하여 대한민국 정부 수립 이후에 이르기까지 7년에 걸쳐 지속된, 한국 현대사에서 한국전쟁 다음으로 인명 피해가 극심했던 사건이었다.
> - 제주4.3사건 진상조사보고서

2020년부터 사용된 영국의 20파운드짜리 지폐에 영국 역사상 처음으로 화가의 얼굴을 담았다. 이 화가는 영국인에게 '풍경화의 셰익스피어'로 칭송받는 영국 국민 화가 윌리엄 터너다. 영국인이 가장 좋아하는 미술 작품을 조사한 설문에서도 그의 「전함 테메레르의 마지막 항해(The Fighting Temeraire tugged to her last Berth to be broken up, 1838)」가 선정되었을 정도다. 터너는 인상주의 화풍의 대가다. 영국 미술품 소장과 관리를 위한 조직으로 박물관을 운영하는 테이트(Tate)에서 시상하는 영국 최고의 미술상 '터너상(The Turner prize)'도 그의 이름을 따서 1984년에 제정한 것이다. 기존의 20파운드에는 『국부론』으로 유명한 18세기 경제학자 애덤 스미스가 있었다는 점을

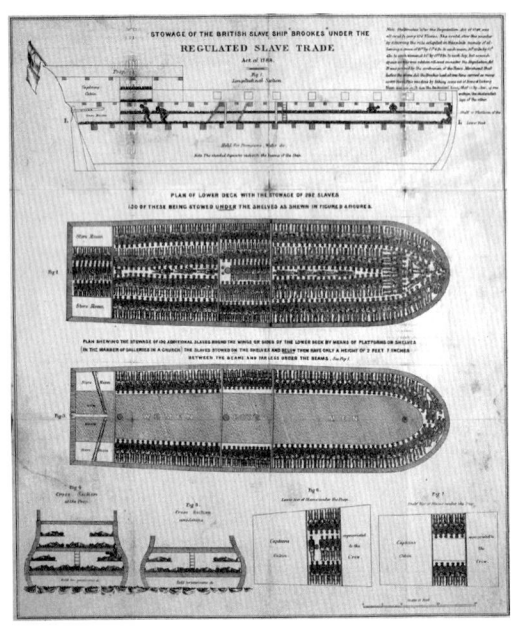

1788년 노예 선적 계획도
: 노예선은 감옥이었다.
▶ 미국 의회 도서관(Library of Congress)

감안하면 영국민이 생각하는 그의 위상을 미루어 짐작할 수 있다.

「노예선(The Slave Ship)」은 터너가 인간의 폭력성을 고발한 작품으로 유명하다. 이 작품의 원제는 「죽은 그리고 죽어가는 노예를 배 밖으로 던지는 노예 상인들-태풍이 오고 있다.(Slavers Throwing overboard the Dead and Dying-Typhoon coming on)」으로 종호 학살(Zong massacre)을 배경으로 한 것이다. 종호 학살은 1781년 11월 27일 무렵에 일어났다. 자메이카로 향하던 종호는 상황을 오판하고 자메이카를 뒤로하고 서쪽으로 계속 항해했다. 선원들이 목적지와 멀어지고 있다는 사실을 확인한 것은 480km를 지나치고 난 후였다. 선장은 다시 배를 돌렸지만 바람은 역풍이었고, 식수도 나흘 치밖에 남아있지 않았다. 이 상태로 무사히 돌아가는 것은 힘들었다. 선장과 선원들은 죽거나 죽어가는 노예 그리고 심지어 값이 싸다는 이유로 여성과 아이를 족쇄를 채운 채로 바다에 던져 버렸다.

종(Zong)호는 노예를 가능한 한 많이 실을 수 있도록 설계된 노예선이었다. 그 당시 노예는 단지 짐짝과 같은 물건이었다. 노예 선적 계획도만 봐도 그 사실을 쉽게 이해할 수 있다. 노예선에는 노예가 인간으로 누려야 할 최소한의 공간도 허락되지 않았다. 건장한 체격의 노예조차 항해 과정에서 병들고 죽는 일이 다반사였다. 이런 이유로 당시 선주는 노예선 선적 화물 즉 노예에 대한 보험을 들어두었다. 조건은 주로 노예가 배에서 자연사하면 선주의 책임, 화물이 바다에 빠져 손실되면 선주와 보험사가 공동으로 부담하게 되어 있었다. 보험금은 노예 한 명분으로 환산하며 1인당 30파운드 정도였다. 실제 종호 사건에서 살아남은 노예를 자메이카에 거래하였을 때, 한 명당 36파운드를 받았다는 점을 고려하면 그리 나쁘지 않은 보상 조건이었다.

작품 속에서 노예선은 폭풍으로 들어가고 있다. 파도는 금방이라도 배를 잡아먹을 듯하다. 해는 져서 석양은 붉게 물들고, 세상은 곧 어둠 속에 잠길 것이다. 선원들의 광기가 세상 모든 것을 덮을 것이다. 작품 아랫부분에는 검은색의 둔탁한 질감의 족쇄가 즐비하다. 그리고 좀 더 자세히 보면 사람의 손과 발도 보인다. 더군다나 작품 왼쪽 아랫부분에는 죽어가는 노예의 살점을 조금이라도 더 뜯어 먹겠다고 물고기가 경쟁하듯 모여들고 있다. 세상은 인간의 광기로 물들었다.

종호가 자메이카로 돌아왔을 때, 여전히 많은 보급품이 노예선에 남아있었다는 점에서 어쩔 수 없었던 선택이라는 선장과 선원들의 주장은 신빙성이 없었다. 종호 학살로 정확히 몇 명이나 학살되었는지는 알 수 없다. 대략 133명 정도로 추산할 뿐이다. 종호 학살의 가장 근본 원인은 결국 보험 보상이었다. 그날 종호에서 일어난 사건은 인간의 광기에 지나지 않았다. 하지만 이 사건으로 법정에서 살인죄를 구형한 사람은 한 명도 없었다. 그 후 이 사건은 노예제도 폐지 문제에 작은 씨앗이 되었다. 많은 사람의 노력으로 1807년에 이르러서야 노예무역이 폐지되었고, 마침내 1833년에 대영제국에서 노예제도가 없어졌다. 터너의 「노예선」은 1840년 6월에 열린 세계 노예제 반대 회의를 기념하여 런던에서 한 달 동안 전시되었다.

황제 나폴레옹은 오스트리아, 프로이센, 러시아 등 주변국을 굴복시켰다. 완벽한 제국을 꿈꾸던 나폴레옹은 오랜 숙적이던 영국을 굴복시키고 싶었다. 이를 위해 꺼내든 전략은 해상 봉쇄였다. 하지만 영국 고립 작전은 스페인, 포르투갈이 동참하지 않아 무위로 돌아갔다. 이에 1808년 나폴레옹은 스페인을 침공하기에 이른다. 점령군 나폴레옹은 스페인을 확실히 자신의 영향력 아래 두고 싶었다. 이를 위해 스페인 국왕을 폐위하고 친형인 조제프 보나파르트를 왕으로 옹립했다. 그러면서 시민의 반감을 줄이기 위해 종교 재판과 같은 악법을 폐지하는 등 친 시민 정책을 펼쳤다. 하지만 자존심이 강했던 스페인 민중은 분노로 들끓었다. 1808년 5월 2일 마침내 시민 봉기가 일어났다. 죽음을 불사한 마드리드 시민은 프랑스군에 격렬히 저항했다. 그러나 불행히도 수많은 전쟁에서 단련된 프랑스군은 단 하루 만에 민중 봉기를 완벽히 진압했다. 결과는 가혹했다. 그 다음날 프랑스군은 반항조차 할 수 없던 마드리드 시민 5천 명을 줄을 지어 무참히 학살했다. 그렇게 1808년 5월 3일은 인

1808년 5월 3일 The Third of May

- 1808/1814/268×347cm/캔버스에 유화
- 프란시스코 고야(Francisco Goya/1746~1828/스페인)
- 프라도 미술관(Museo del Prado/스페인 마드리드)

류 역사상 또 하나의 참혹한 날로 기록되었다.

　광기에 사로잡혀 무참히 파괴되는 인간성을 지켜보아야만 했던 고야는 그날의 광경을 「1808년 5월 3일」이라는 작품에 담았다. 작품에는 절망하는 마드리드 시민 앞에 얼굴조차 드러내지 못하고 민간인에게 총을 겨누는 프랑스군이 잘 묘사되어 있다. 죽음을 바로 눈앞에서 마주하고 있는 사람 앞에는 이미 총을 맞은 사람이 쓰러져 있고, 그 뒤로는 그 모습을 보며 죽음의 순서를 기다리며 공포로 절망하는 사람들이 그려져 있다. 사람들의 행렬은 저 멀리 어둠 속의 대성당까지 이어진다. 고야의 이 작품은 전쟁의 광기로 인한 인간성의 상실을 고발하는 표본처럼 여겨지고 있다. 마네, 피카소 등 후대 작가들에게도 많은 영감을 주었다. 특히 피카소는 「한국에서의 학살」에서 고야의 작품을 자신의 창의력과 화풍으로 재해석했다.

　1950년 6월 25일 한국전쟁이 발발했다. 탱크를 앞세운 북한군은 빠른 속도로 남으로 밀고 내려왔다. 전쟁은 말로 표현하기 어려울 만큼 참혹했다. 전쟁의 광기 속에서 인간성이 상실된 군인은 살육을 위한 기계로 전락했다. 살인 병기는 적군만 아니라 일반 시민도 무차별 학살했다. 1950년 10월 17일에서 12월 7일까지 52일간 황해도 신천군에서는 전체 주민의 1/4에 달하는 약 35,000여 명이 학살되었다. 이른바 '신천학살사건'이다. 이 사건은 미군이 저지른 만행이었다. 공산당은 이 사건을 정치적 선전 도구로 활용하고 싶었다. 공산당은 한국전쟁에서 미군의 비인권적 만행을 고발해 줄 작품을 기대하며, 당시 공산당원이었던 피카소에게 이 사건에 대한 작품을 주문했다. 하지만 피카소는 좌우 대립의 문제로 전쟁을 바라보지 않았다. 반전주의자이기도 했던 피카소는 1951년 「한국에서의 학

한국에서의 학살 Massacre in Korea
- 1951/110×210cm/캔버스에 유화
- 피카소(Pablo Picasso/1881~1973/스페인)
- 피카소 미술관(Musée Picasso/프랑스 파리)

살(Massacre in Korea)」이라는 작품을 완성하였다.

　피카소는 캔버스를 중심으로 인물들이 대조되도록 좌우로 배치했다. 그림의 왼쪽에는 옷조차 허락받지 못한 무방비의 여성과 아이가 있다. 여인들의 얼굴에서 피할 수 없는 현실에 대한 고통을 읽을 수 있다. 임신 중인 엄마는 놀라 울고 있는 아이를 옆구리로 끌어안는다. 한 아이는 놀라 엄마를 찾고, 다른 어린아이는 장난감 놀이에 열중하고 있다. 손으로 몸을 가린 처녀의 두 눈은 이런 현실을 만든 누군가에게 항의하듯 관람자를 응시한다. 오른쪽에는 살인 병기로 전락한 갑옷 입은 군인이 총을 들고 있다. 특히 투구를 쓰고 있어 표정조차 읽을 수 없다. 무채색의 황량한 배경은 우울하고 침통한 분위기를 불러일으킨다. 등장인물과 배경만으로는 한국전쟁인지 알 수 없다. 전쟁은 어디에서 일어나든 그 자체로 비극이라는 점을 강조하는 듯하다. 피카소는 「한국에서의 학살」로 특정 집단과 권력이 내세운 명분 아래 인간이 같은 인간을 잔인하게 살인하는 광적 행위를 표현하고 있다. 전쟁은 소수의 영웅을 만든다. 하지만 그 영웅의 동상 밑에는 수많은 죽음이 떠받치고 있다는 사실을 명심해야 한다.

　1974년 1월 7일, 4년 전쟁이 발발했다. 같은 뿌리를 가지고 서로 왕래하며 평온하게 지내던 북부의 카사렐라 부족이 남부의 카하마 부족을 공격했다. 전쟁은 잔혹했다. 카사렐라 부족이 카하마 부족을 모두 학살하고 나서야 전쟁이 끝났다. 전쟁 중 카사렐라 부족은 카하마 부족의 남녀노소를 가리지 않고 죽였다. 심지어 잡아먹기까지 했다. 이것은 처음 관찰된 침팬지의 전쟁이었다. 이 과정을 지켜볼 수밖에 없었던 제인 구달은 큰 충격에 빠졌다. 침팬지를 오랫동안 가까이에서 지켜보면서 침팬지가 사람과 달리 매우 평화스러운 동물이라고 생각하고 있었기 때문이다. 침팬지의 전쟁은 그 후에도 여러 지역에서 관찰되었다. 그때마다 침팬지는 매우 잔혹한 공격성을 보였다. 새끼를 죽이고 잡아먹는 것은 기본이었고, 심지어 사람처럼 용병을 동원하기도 했다. 여러 특성에서 사람의 전쟁과 다를 바 없었다.

전쟁은 집단과 집단의 충돌이다. 그런 측면에서 생태계에서 일어나는 포식이나 세력권 행동은 전쟁이라고 보기 어렵다. 유인원을 제외한 동물 중에서 전쟁을 하는 종은 개미가 유일하다. 사회성을 가진 개미는 다른 개미를 공격한다. 개미 군단은 집으로 쳐들어가 성체는 물론 알까지 닥치는대로 들고 나온다. 산이나 공원 주변을 주의 깊게 관찰하면, 가끔 까맣게 죽은 개미 사체가 개미집 주변에 널려있는 학살 현장을 찾을 수 있다.

사람의 전쟁은 역사가 길다. 구석기 시대 유골에서도 찾을 수 있다. 발굴된 유골에는 돌창 등에 맞아 부러진 흔적이나 구멍 난 두개골도 있다. 사람은 이성적으로 전쟁의 결말을 알면서도 왜 극단적인 전쟁을 선택할까? 많은 학자가 오랫동안 이 물음에 답하기 위해 연구했다. 그중에는 생물의 진화 과정에서 해답을 찾으려는 접근도 있다. 사람은 다른 동물과 달리 번식기가 없다. 언제든 번식할 수 있다. 이는 흥미로운 결과로 이어진다. 여름과 가을 풍요로운 먹이 환

밀턴의 '실락원' 삽화 Illustration for John Milton's *Paradise Lost*
▸ 1866/판화
▸ 구스타프 도레(Paul Gustave Doré/ ~1883/프랑스)

경이 오기 전 새끼를 가지고 낳아 기르는 동물과 달리 사람의 경우 아기가 태어나면 매우 위험한 환경일 수 있다. 사람은 이 문제를 집단 육아로 부족의 생존율을 높이는 전략을 선택했다. 집단은 살아남기 위해 다른 집단을 공격해야 했다. 그리고 사람은 자신의 생존을 위해 사회성이라는 특성을 발달시켰다. 집단은 두뇌를 사용해 전략을 짜고 무기를 사용할 수 있다. 전략과 무기는 전쟁 승리의 가장 중요한 요소가 되었다. 그 결과 사람은 전쟁에서 승리하기 위한 공격적 본능을 가지게 되었다.

하워드 브룸(Howard Bloom)은 이를 루시퍼 원리(The Lucifer principle)로 설명한다. 루시퍼는 하늘의 대천사였다. 모든 천사를 압도하는 능력을 가진 루시퍼는 하나님의 자리를 탐하게 되었다. 결국 루시퍼는 실락원 삽화처럼 지옥으로 떨어졌다. 루시퍼와 같이 인간도 기본적으로 악마적 성향을 가지고 있다고 주장한다. 성경적으로 보면 우리는 모두 최초의 살인을 저지른 아담의 아들 카인의 후예다.

아벨을 죽이는 카인 Cain slaying Abel
▶ 1608~1609/131.2×94.2cm/참나무에 유화
▶ 루벤스(Peter Paul Robens/1577~1640)
▶ 코톨드 예술학교(Courtauld Institute of Art/영국 런던)

　사람은 국가, 민족, 종교 등으로 집단화되어 전쟁을 일으킨다. 집단화된 구성원은 언제나 잔혹한 학살을 자행할 가능성이 있다. 하지만 반대로 다른 사람을 구하는 영웅이 될 수도 있다. 2차 세계대전 중 많은 독일인이 유대인을 구하기 위해 노력했던 것처럼, 위기의 순간에 남을 구하기 위한 선택을 하는 사람은 항상 존재했다. 사람의 본능에는 삶의 회로와 죽음의 회로가 모두 존재한다. 우리는 의지로 둘 중 하나를 선택할 수 있다. 개인은 누구도 전쟁을 원하지 않는다. 인류의 지속적인 평화를 구현하려면 우리 안의 공격 본능을 잠재우고 평화와 상생의 본능을 일깨워야 한다. 사람은 본능적으로 살려는 욕구가 강하다. 우리 몸속의 유전자는 이기적이지만 이타적이기도 하다. 사람은 이성과 본능의 측면 모두에서 평화를 바란다. 우리는 '제주 4.3'이나 '광주민주화운동' 같은 역사적 사건 속에서 인간의 광기에 대적하고 서로를 도운 영웅을 잊지 말아야 한다.

어머니들 Die Mütter
- 1921~1922/39×48/목판화
- 케테 콜비츠(Käthe Schmidt Kollwitz/1867~1945/독일)
- wikiart

콜비츠는 어린 자식을 지키는 강인한 어머니의 모습을 여러 작품에 남겼다. 그녀의 작품 「어머니들」처럼 생명을 지키기 위한 강력한 연대는 인간에 내재한 광기를 잠재울 수 있을 것이다.

아스도의 흑사병 The Plague at Ashdod

예술가 니콜라 푸생 (Nicolas Poussin/1594~1665)
국적 프랑스
제작 시기 1630년
크기 148×198cm
재료 캔버스에 유화
소장처 루브르 박물관(Musee duLouvre/프랑스 파리)

2. 세상의 종말을 느끼다

> 큰 구덩이를 파고 수많은 죽은 사람과 함께 깊숙이 쌓았다. 그리고 낮과 밤 수백 명이 죽었다. 도랑이 채워지자마자 더 파야 했다. 그리고 나도 내 손으로 다섯 자녀를 묻었다. …… 그리고 너무 얕게 묻어 개들이 사체를 끌고 …… 그리고 너무나 많은 사람이 세상의 종말이라고 믿고 죽었다.
> — 애그놀로 디 투라(Agnolo di Tura ; 15C)

    니콜라 푸생은 17세기 고전주의를 대표하는 화가다. 그는 고전주의가 추구하던 가치 즉 완벽하고 절제된 선과 구도를 가진 작품 세계를 구현했다. 고대 그리스와 로마의 고전에서 영감 받은 세계관과 고전주의 표현은 「아르카디아의 목격자들」, 「세월이라는 음악의 춤」 등에 잘 드러난다. 푸생은 17세기 바로크 양식이 지배하던 유럽에서 성장했다. 1624년 로마를 방문하면서 이탈리아를 대표하는 여러 화가를 만나 영향을 받았다. 그 결과 바로크 양식에서 벗어난 독자적인 고전주의 양식을 확립하게 되었다. 푸생은 르네상스의 고전주의에 바탕을 둔 종교화, 신화화를 주로 그리다 노년에는 좀 더 시각적이고 따뜻한 분위기로 자연 세계에 사색적으로 접근한 풍경화를 그렸다.

흑사병 희생자들에게 도움을 주고 있는 켄트의 성 마카리오 St Macarius of Ghent Giving Aid to the Plague Victims
▶ 1673/350×257cm/캔버스에 유화
▶ 야콥 반 오스트(Jacob van Oost/1639~1713/벨기에)
▶ 루브르 박물관(Louvre/프랑스 파리)

「흑사병에 걸린 펠리시테 사람들」로도 불리는 「아스도의 흑사병」은 푸생이 신화와 종교화를 그리기 시작하던 시기의 작품이다. 그림 속 아스도 거리에는 죽은 사람들과 죽어가는 사람들 그리고 이를 지켜보는 사람이 등장한다. 죽음을 목격하며 남겨진 자들은 절망으로 패닉에 빠졌다. 배고픈 젖먹이는 죽은 엄마의 젖가슴을 찾고, 한 손으로 코를 막은 아빠는 다른 한 손으로 아기를 엄마에게서 떼어놓으려 하고 있다. 신에게 기대려 신전을 찾은 한 무리의 사람들 앞에는 머리와 몸체가 분리된 채 쓰러진 신상만이 기다릴 뿐이다. 이렇게 아스도는 역병의 공포와 죽음으로 가득찬 절망의 도시다. 푸생은 고전주의 작가답게 도시의 거리를 깊이 있게 묘사하여 공포로 가득 찬 공간을 표현했다. 17세기 「흑사병 희생자에게 도움을 주고 있는 켄트의 성 마카리오」 작품과 비교하면 공간이 가지는 특성을 쉽게 이해할 수 있다. 성 마카오가 희생자에게 신의 가호

를 전하는 장면은 푸생의 작품에 비해 매우 평면적이다. 하지만 두 작품 모두 전염병의 창궐이 얼마나 처참한 것인지 표현하기 위해 비슷한 장치를 사용하고 있다.

21세기인 지금도 세계를 충격으로 몰아넣은 코로나19의 확산 경로를 찾는 것은 매우 어렵다. 심지어 중세 유럽에서 페스트가 실제 어떤 경로로 전파되었는지 확인하는 것은 불가능에 가깝다. 현재 여러 가설 중 가장 유력한 것은 1347년 크림반도의 페오도시야와의 전쟁 과정에서 포위 공격을 했던 몽골의 킵차크 칸국에 의해 전파되었다는 설이다. 전쟁 중 킵차크 군은 전염병으로 죽은 자국의 병사들을 투석기를 이용해 제노바 성벽 안으로 던져 넣었다. 성안은 이내 킵차크 군인의 시신으로 가득 찼다. 성안의 사람들은 쌓인 시신을 바다로 던져 치워야만 했다. 그리고 10일쯤 지나 성안에 있던 사람들 사이에 전염병이 유행하기 시작했다. 현대적 개념의 세균전이었다. 당시 이탈리아 제노바의 교역소가 페오도시야에 있었기 때문에 상당수의 이탈리아인이 그곳에 있었다. 이들은 전염병을 목격하고는 혼비백산하여 가진 것을 모두 챙겨 상선에 몸을 실었다. 이렇게 전염병은 해안선을 따라 이탈리아로 퍼져나갔다. 결국 1348년 1월 이들이 도달한 유럽의 해안가 주민을 시작으로 역병은 유럽 내륙 깊은 곳으로 빠르게 퍼져나갔다.

페스트, 일명 흑사병은 페스트균(Yersinia pestis)을 가진 쥐에 사는 벼룩을 매개로 전염된다. 벼룩이 쥐의 피를 빨아 먹은 후 다시 사람의 피를 빨게 되어 감염된다. 흑사병은 고열로 시작하여 전신 반응으로 이어진다. 나타나는 병변에 따라 선페스트, 패혈성 페스트, 폐페스트로 구분된다. 선페스트는 몸속으로 들어온 페스트균이 혈액을

쥐들의 춤 Der Tanz der Ratten
- c.1690 / 41.5×47.0cm / 캔버스에 유화
- 페르디난드 반 케셀(Ferdinand van Kessel / 1648~1696 / 벨기에)
- 슈테델 미술관(Städel, 독일 프랑크푸르트)

따라 몸이 접히는 부분에 주로 존재하는 림프절로 들어간다. 그 속에서 페스트균이 증식하며 독소를 분비한다. 그로 인해 몸에는 화상을 입은 듯 물집이 생긴다. 이 물집은 주먹만 한 크기로 점점 부풀어 오르다가 터진다. 터진 피부에서는 이내 고름까지 흘러내린다. 그리고 흑사병(Black Death)이라는 이름처럼 상처가 석탄처럼 까맣게 썩어 들어간다. 온몸으로 퍼진 페스트균은 간·지라·폐·피부와 점막 등에서 출혈성 괴사를 일으키며 패혈성 페스트가 된다. 또 폐에 침범하면 출혈성 폐렴이 되고, 폐페스트로 발전한다. 이 경우 비말 감염을 일으켜 가래나 침으로 호흡기를 통해 다른 사람을 감염시킨다. 흑사병은 전염 속도도 빠르고 잠복기도 짧아서 하루에서 6일 안에 심한 패혈증으로 진행된다. 이로 인해 심각한 호흡곤란과 함께 몸에 푸른빛이 도는 청색증이 나타난다. 페스트와 관련된 작품에서 전염병으로 죽은 사람의 피부색을 살아있는 인물의 피부색과 비교해보면 이런 병변을 쉽게 찾아볼 수 있다.

  페스트는 극히 짧은 잠복기 탓에 감염된 사람도 자신이 죽어가는 것을 느낄 수 있었다. 심지어 자신의 살이 썩어가는 냄새도 맡아야만 했다. 사랑하는 사람이 죽어가는 모습을 지켜보는 가족조차도 심한 냄새로 얼굴을 찌푸릴 수밖에 없었다. 이것은 「아스도의 흑사병」과 「흑사병 희생자에게 도움을 주고 있는 켄트의 성 마카리오」에서 남편이 아내의 죽음을 대하는 장면에 잘 묘사되어 있다. 그만큼 전염병이 창궐하는 상황에서 희생자에게 도움을 주려 노력하는 성 마카리오에게 저절로 존경심과 신앙심이 생길 수밖에 없다.

14세기 유럽에는 페스트에 대한 정보가 전혀 없었다. 전염병은 계속해서 창궐하는데, 이 병을 일으키는 원인조차 찾을 수 없었다. 어떤 사람들은 죽음의 신이 쏜 화살에 맞으면 병에 걸린다고 생각했다. 이를 믿는 사람들의 소원은 그 죽음의 화살을 피하는 것이었다. 겁에 질린 사람들은 구원을 받기 위해 교회로 몰려들었다. 「역병 희생자를 위해 탄원하는 성 세바스티아누스」을 보면 온몸에 화

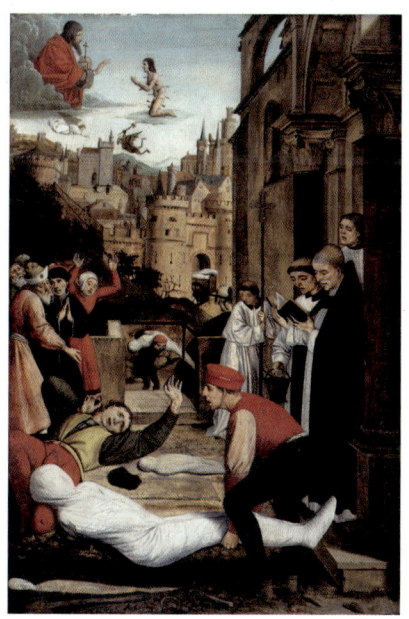

역병 희생자를 위해 탄원하는 성 세바스티아누스 Saint Sebastian Interceding for the Plague Stricken
▶ 1497~1499/81.8×55.4cm/캔버스에 유화
▶ 조스 리페랭스(Josse Lieferinxe/?~1508/벨기에)
▶ 월터 미술관(The Walters Art Museum/미국 메릴랜드)

살을 맞은 성 세바스티아누스가 무릎 꿇고 기도하는 모습이 그려져 있다. 그 아래 천사와 악마는 서로 싸우는 중이다. 성 세바스티아누스는 로마 제국의 군인이었다가 기독교로 개종한 초기 기독교 성인이다. 로마 황제는 그에게 사형을 내렸다. 처형 과정에서 성 세바스티아누스는 화살을 맞았는데도 다시 살아나는 기적을 보였다. 성인은 이런 이유에서 전염병과 관련된 다양한 작품에 등장한다.

어떤 사람들은 전염병의 원인으로 물을 지목했다. 물에 들어 있던 나쁜 기운이 몸에 스며들면 병에 걸릴 수 있다며 목욕을 금지하는 시기도 있었다. 당시 사람들은 어처구니없게도 목욕은 환자나 하는 것으로 알았다. 프랑스에서는 황제의 부름에도 신하가 건강이 좋지 않아 목욕하고 있다고 하면 등원하지 않아도 될 정도였다. 목욕을 꺼리는 문화는 아이러니하게도 프랑스의 향수 산업으로 이어졌고 지금까지 세계적 명성을 얻고 있다. 또 어떤 사람은 공기 중 독소로 전염병이 발생한다고 주장했다. 이에 중세 시대 의사들은 새의 부리 모양의 독특한 마스크를 만들어 전염병을 막으려 했다. 이 마스크 속에는 향료나 허브를 넣었고, 겉을 밀랍으로 코팅했다. 방독면 같은 마스크가 비말 전염은 막을 수 있었겠지만, 벼룩의 흡혈을 막기에는 역부족이었다.

인류가 찾은 전염병에 대항하는 가장 확실한 방법은 외부와 격리하는 것이다. 이탈리아 베네치아는 외부에서 들어오는 모든 배를 항구에 40일간 격리하였다. 배 위에서 40일간 건강에 이상이 없음이 확인되어야만 선원들이 육지를 밟을 수 있었다. 오늘날 검역이라는 영어 단어가 'quarantine'인 것도 이에 기인한 것이다. 하지만 흑사병에는 이 조치도 큰 효과는 보지 못했다. 사람은 막을 수 있어도 쥐는 막을 수 없었기 때문이다. 쥐는 배에서 탈출하여 헤엄칠 수 있었고, 정박한 배의 밧줄을 타고도 쉽게 육지로 올라올 수 있었다.

10세기 무렵의 유럽은 기후가 따뜻해지고 있었다. 농사도 잘되었고, 개간으로 농지도 넓어졌다. 농업 생산량의 증대는 유럽 인구가 생장하는 발판이 되었다. 하지만 14세기 초 유럽은 지구의 기후 변화로 소빙하기에 접어들고 있었다. 기온은 조금씩 떨어지고 농사는 계속 흉년으로 이어졌다. 유럽인들은 심한 영양실조로 면역력이 떨어진 상태였다. 더군다나 도시로 사람이 몰려들었지만, 하수구나 오물을 처리할 위생시설은 전혀 준비되지 못했다. 도시나 농촌 어디서든 쉽게 쥐 떼를 볼 수 있었다. 이런 열악한 상황들은 서로 맞물려 전염병 확산에 상승효과를 낼 준비를 하고 있었다. 결국 페스트 균을 가진 벼룩은 쥐의 등을 타고, 쥐는 무역선을 타고 유럽 전역과 아프리카로 넓게 퍼져나갔다. 그리고 여러 번의 창궐을 거듭하다가

▶ **페스트** Die Pest
▶ 1898/149.5×104.5cm/패널에 템페라
▶ 아놀드 뵈클린(Arnold Bocklin, 1827~1901)
▶ 바젤 박물관(Kunstmuseum Basel/스위스 바젤)

1721년 마르세유를 끝으로 자취를 감추기 시작했다.

21세기 우리에게 가장 친숙한 단어가 되어버린 대유행(팬데믹, pandemic)은 역사적으로 여러 번 있었다. 페스트만 하더라도 학자들은 3번의 대유행이 있었을 것으로 추정한다. 1차 페스트 대유행의 기록은 6~8세기에 있었다. 특히, 541~542년 동로마 제국의 유스티니아누스 황제 재위 시절에 상세한 기록이 남아 있다. 또한 현대 생명 과학으로 그 당시 죽은 유해에서 페스트의 흔적을 발견했다. 이 대유행으로 약 2천 5백만~5천만 명의 사망자가 발생했을 것으로 추정한다. 2차 대유행은 14세기 1346~1353년 사이에 일어났다. 이 대유행으로 약 7,500만~2억 명이 죽었다. 그 결과 유럽 전체가 대혼란에 빠졌다. 3차 대유행은 1860년 중국에서 시작해 거의 20년간 증기선을 타고 인도와 미국 서해안까지 퍼졌다. 이 대유행으로 거의 천만 명이 죽었을 것으로 추정한다.

세 번의 대유행 중 인류의 문화와 역사에 가장 강하게 각인되어 기억되는 것이 바로 2차 대유행이다. 흑사병의 창궐은 유럽인을 엄청난 실의로 몰아넣었다. 전염병은 남녀노소와 신분을 가리지 않고, 유럽 인구의 3분의 1이란 엄청난 희생자를 낳았다. 실로 그 당시 유럽인은 세상의 종말을 바로 눈앞에서 보는 경험을 했을 것이다. 이러한 사회적 불안 속에서 지배층은 사람들의 분노를 잠재울 희생양이 필요했다. 이방인은 늘 쉬운 목표물이 되었다. 유럽인은 유대인을 탄압하기 시작했다. 특히 유대인이 우물에 독을 탄다는 소문까지 돌면서 마녀사냥이라는 시대적 사기가 시작되었다. 마녀사냥에서 자행된 무자비한 고문을 이기지 못한 사람은 자신의 죄를 자백할 수밖에 없었다. 이는 다시 소문이 되어 유럽 전역으로 사실처럼 퍼졌다. 프랑스의 스트라스부르 지역에서는 1,800여 명의 유대인 중 900여 명이 마녀사냥으로 처형됐다. 마녀사냥은 식량부족으로 허덕이던 빈자들을 억압하면서, 다른 사람의 불만은 해소시킬 수 있는 효과적인 지배수단이 되었다.

흑사병은 종교, 사회, 문화 전반을 변화시켰다. 중세 봉건제도의 중심이었던 교황과 영주의 세력이 약해졌다. 교회의 권위는 떨어졌고, 이는 결국 1517년 종교 개혁으로 이어졌다. 값싼 노동력에 의존하던 장원제는 노동자의 감소로 붕괴하기 시작했다. 노동자는 소작농에서 자영농으로 성장하면서 영주와 대립할 수 있게 되었다. 이렇게 중세는 시나브로 근대로 넘어가고 있었다. 중세에는 신학과 철학은 중시했지만, 자연과학과 의학에는 소홀했다. 그런 문화 속에서 전염병에 대한 적절한 처방이 나올 리 만무했다. 종교적으로 기도하고 회개하는 것만으로는 도움이 되지 못했다. 결국 흑사병은 문화적 전성기인 르네상스 시대를 여는 실마리가 되었다.

페스트는 유럽인 사이에서 들불처럼 번졌다. 이런 전염병의 확산은 생태계에서 흔한 현상이다. 바로 개체군의 일반적인 생장 방식이기 때문이다. 같은 종의 생물이 특정 시기와 장소에 있는 집단을 개체군이라고 한다. 개체군은 출생과 이입으로 늘고, 사망과 이출로 줄어든다. 그래서 개체군은 지속하며 변하는데, 이를 개체군 생장이라고 한다. 개체군 생장은 발생 초기에는 지수적(exponential) 생장을 한다. 대장균과 같은 미생물은 좋은 환경만 제공되면 지수적 생장을 한다. 1마리가 30분 정도 지나면 2마리가 되고, 2마리는 또 30분 정도 지나 4마리가 되는 방식이다. 이렇게 1마리의 세균은 몇 시간만 지나도 엄청난 수로 불어난다. 개체수가 기하급수적으로 늘면 어느 시점이 되어 오히려 생장이 둔화한다. 개체수 밀도가 증가하면 먹이도 감소하여 경쟁이 늘어나면서 생장을 저해하는 환경 저항이 되기 때문이다. 환경 저항은 개체수가 늘어나면서 점점 커지고 결국 개체수 생장 곡선의 기울기는 줄어든다. 그 결과 어느 순간 환경이 받아들일 수 있는 정도의 수에 수렴하게 된다. 이를 로지스틱(logistic) 생장이라 한다. 또한 영양분의 소멸로 더는 자랄 수 없는 환경이 되면 점점 그 생장이 마이너스가 되며 사라지게 된다. 세균의 경우는 진화의 과정을 거치면서 다양한 변이가 발생한다. 변이된 세균 중에는 사람에게 치명적 증상을 일으키지 않는 개체가 존재한다. 그 결과 사람은 적절한 면역력을 획득하게 된다. 그리고 어느 시점부터 세균은 사람을 숙주로 하며 공존의 길로 접어든다.

전염병의 개체군 생장은 미분과 적분을 이용해 수학적으로 예측할 수 있다. 초기 이론인 SIR 모델은 1927년 스코틀랜드 수학자 윌리엄 커맥(William Kermack, 1898~1970)과 역학자 앤더슨 맥켄드릭(Anderson McKendrick, 1876~1943)이 제안했다. 이 모델로 전염병이 유행할 수 있는 초기 조건과 전염병 확산 정도를 예측할 수 있다. SIR 모델은 사회적 상호작용을 보여주는 그래프 이론과 행렬을 이용해 S(Susceptible, 감염 가능한 인구)와 I(Infectious, 감염된 인구), R(Recovered, 감염 후 회복된 인구) 사이에서 전염병의 확산 양상을 보여준다. 감염 가능자가 감염되면 감염 가능자는 줄고 줄어든만큼 다시 감염자는 늘어난다. 그리고 감염자가 회복되면, 그만큼 다시 줄고 회복자가 늘어난다. 즉 S에서 I로 그리고 R의 순서로 이동하는 단순한 구조를 가진다. 이 모델에 의하면 감염률과 회복률의 비를 R_0라고 한다. 이 R_0 값이 1을 초과하면 전염병은 확산하며, 1 미만이면 감소한다. SIR 모델을 사용하면 1918~1919년 스페인 독감, 1665년 영국과 1905년 인도에서 대유행한 홍역 환자 수와 사망자 수를 상당히 정확하게 분석할 수 있다. 그 후 SIR 모델은 많은 변수를 고려한 좀 더 복잡한 방정식으로 꾸준히 발전하고 있다. 수학과 과학의 발전으로 이제 우리는 미래를 예측할 방법을 찾아가고 있다. 중세 시대 흑사병으로 한 치 앞도 볼 수 없었던 암흑 시대에 그들이 느꼈을 공포는 더 이상 없다.

  1948년 WHO가 설립되어 체계적으로 세계적인 전염병을 관리하고 있다. WHO가 설립된 이후 세 번의 팬데믹 선포가 있었다. 하나는 1968년 홍콩 독감이었고, 다른 하나는 2009년 신종플루였다. 그리고 지금 세 번째 팬데믹을 지나고 있다. 이제 21세기 인류는 포스트 코로나 시대를 준비해야 한다. 기존의 방식으로 미래를 살아갈 수 없다는 것을 코로나 대유행으로 세계가 다시 한 번 경험했다. 전염병 대유행은 이번으로 그치지 않을 것이다. 과거보다 인구가 더 늘었고, 도시화와 인구 밀집도는 매우 높으며, 환경 오염도 심각하다. 기존의 형식과 사고에서 벗어나 새로운 사회 체계를 구성해야 할 어려운 숙제가 인류 앞에 놓였다.

올랭피아 Olympia

예술가 에두아르 마네(Edouard Manet/1832~1883)
국적 프랑스
제작 시기 1863년
크기 130×190㎝
재료 캔버스에 유화
소장처 오르세 미술관(Musée d'Orsay/프랑스 파리)

3 문란하여 벌을 받다

> 그날 저녁을 먹은 뒤에, 혼자서 신간 치료보고서를 읽고 있을 때에 M이 찾아왔습니다. 그리고 비교적 어두운 얼굴로서, 내가 묻는 이야기에도 그다지 시원치 않은 듯이 입술엣대답을 억지로 하고 있다가, 이런 질문을 나에게 던졌습니다.
> "남자가 매독을 앓으면 생식을 못 하나?"
> - 『발가락이 닮았다』(김동인, 1933) 중

　에두아르 마네는 사실주의와 인상주의 화가로 유명하다. 하지만 인상파 화가가 개최한 전시회에 한 번도 자신의 작품을 출품하거나 전시하지 않았다. 살롱전(The Salon)에 출품하며 기득권층에 계속 도전했다. 살롱전은 1667년부터 시작해 수많은 유명 화가가 거쳐간 프랑스 왕실이 주최하는 최고의 권위를 가진 대회였다. 1748~1890년 살롱전은 의심의 여지 없이 유럽에서 가장 큰 예술 행사였다. 지금처럼 미디어가 발달하지 않았던 19세기, 젊은 화가들이 자신의 작품을 알리고 가장 빠르고 확실하게 명성을 얻을 수 있는 등용문이었다. 하지만 역사와 전통을 가진 살롱전은 그 역사만큼이나 보수적이었다.

풀밭 위의 점심 식사 Luncheon on the Grass
- 1863/208×264.5cm/캔버스에 유화
- 마네(Edouard Manet/1832~1883/프랑스)
- 오르세 미술관(Musée d'Orsay/프랑스 파리)

    1863년 마네는 「목욕」이라는 작품을 살롱전에 출품했다. 결과는 당연히 낙선이었다. 하지만 그해 나폴레옹 3세는 낙선한 작품들을 모아 낙선전(Salon des Refusés)을 열도록 했다. 기회를 잡은 마네는 「풀밭 위의 점심 식사」로 작품을 다시 전시할 수 있게 되었다. 이 작품을 전시장에 걸자 비평가들의 엄청난 비난을 감당해야 했다. 그만큼 기존의 미술계에는 충격적인 작품이었다. 반면에 일반 관람객으로서는 매우 흥미롭고 관심을 끄는 작품이었다. 작품에 대한 소문은 삽시간에 퍼졌고, 이 작품을 보려고 수많은 관람객이 몰려들었다. 마네의 작품을 본 많은 관람자가 충격을 받았다. 마네 자신도 이런 논란은 충분히 예상했을 것이다.

    「풀밭 위의 점심 식사」의 여성이 두 남자 사이에 다리를 딛고 앉

전원 음악회 Pastoral Concert
- ca. 1510/110×138cm/캔버스에 유화
- 티치아노(Tiziano Vecellio/1490~1576/이탈리아)
- 루브르 박물관(Le musée du Louvre/프랑스 파리)

파리스의 심판 Giudizio di Paride
- 1515/29.5×44.3cm/에칭
- 마르칸토니오 라이몬디(Marcanronio Raimondi/1480~1534/이탈리아)
- 우피치 미술관(Le Galleria degli Uffizi/이탈리아, 피렌체)

아 있는 모습은 여러 작품에서 사용되는 구도다. 티치아노의 「전원 음악회」와 라파엘로의 원작을 복제한 마르칸토니오 라이몬디의 동판화 「파리스의 심판」 오른쪽 아래 끝부분에서 이를 찾아볼 수 있다. 마네는 다양한 고전 작품을 연구했고, 그만큼 많은 사람에게 익숙한 구도와 이미지를 사용할 수 있었다. 그런데도 그의 작품이 비

우르비노의 비너스 Venere di Urbino
- 1538/119.2×165.5cm/캔버스에 유화
- 티치아노(Tiziano Vecellio/1490~1576/이탈리아)
- 우피치 미술관(Le Galleria degli Uffizi/이탈리아, 피렌체)

평가들의 비난을 불러일으킨 점은 무엇일까? 바로 사실성이라는 점에 그 해답이 있다.

「풀밭 위의 점심 식사」의 배경은 사람들이 늘 가까이에서 보고 거닐던 센 강변의 어느 풀밭이다. 그곳에 실오라기 하나 걸치지 않은 한 여인과 속옷을 걸친 채 목욕하는 여인이 있다. 그 두 여성 사이에 멋진 정장을 차려입은 두 명의 신사가 앉아있다. 앞쪽 여인은 '그래서 뭐?'라고 되묻는 듯한 표정으로 관람객을 응시한다. 이런 모습은 작품을 보는 사람에게 다소 무안한 감정을 유발한다. 뒤쪽의 여인과 나룻배는 르네상스에서 신고전주의로 이어지던 원근법을 무시했다. 숲의 채색 또한 깊이를 무시하고 있다. 마치 평면처럼 느끼도록 명암을 처리했다. 두 여인의 신장도 거리를 고려하지 않고 비슷한 크기로 그렸다. 더군다나 나룻배는 크기를 너무 작게 그렸다. 당시 비평가의 눈에는 전통적 표현 방식을 완전히 무시하고 그리다가 만 미완성작으로 비쳐졌을 것이다.

2년 뒤 마네는 더욱 과감한 작품 「올랭피아」를 살롱전에 출품했다. 그로 인해 다시 논란 중심에 섰다. 「올랭피아」는 「우르비노의 비너스」와 비슷한 구도로 그려졌다. 「우르비노의 비너스」는 이상적인 몸매를 가진 여신 비너스가 주인공이다. 비너스는 관람자를 똑바로 응시하고 있다. 자신의 상징인 꽃을 오른손에 들고 쿠션에 기대어 비스듬히 누워있다. 침대 끝 비너스의 발 뒤로 주인을 잘 따를 것 같은 귀여운 강아지가 조용히 잠들어 있다. 두 하인은 옷이 보관된 카손(cassone) 상자를 뒤적인다. 제왕무치(帝王無恥)라는 말이 있다. "왕에게는 부끄러움이 없다."는 말이다. 왕과 신들은 그 자체로 완벽한 존재다. 여신이나 천사를 누드로 표현하는 것은 완벽한 존재에 대한 표현 방식이다. 비너스와 달리 두 하인은 옷을 입고 있다는 점이 이를 더욱 부각시킨다. 하지만 이 작품 역시 누드화로 관능적 표현 때문에 많은 우여곡절을 겪어야 했다.

「올랭피아」 속 주인공은 머리에 꽃을 꽂고, 목에는 목줄을 매고, 왼쪽 발에는 슬리퍼를 걸치고 야릇한 눈빛으로 관람자를 응시하고 있다. 더군다나 그녀의 발밑에 있는 검은 고양이는 잔뜩 놀란 듯 꼬리를 곤두세우고 있다. 흑인 하녀는 누군가 건네는 꽃다발을 받아들고 주인에게 누군가의 방문을 알리는 듯하다.

「우르비노의 비너스」와 「올랭피아」의 가장 다른 점은 주인공 여인이 현실에 존재하는 듯한 사실성이다. 몸매도 이상적 비율이 아닌 사실적으로 표현했다. 자세도 비너스에 비해 당돌해 보인다. 이와 더불어 작품에는 성적 요소가 다소 들어 있다. 머리의 꽃, 목의

끈, 슬리퍼, 성난 고양이가 모두 성적 표현 요소다. 이 벌거벗은 여인은 여신이 아닌 매춘부다. 부르주아 계급의 체면을 중시하던 신사들이 이 그림을 마주하는 순간 자신의 위선적 모습을 떠올렸을 것이다. 이 작품 앞에서 그들은 다소 어색하면서 부끄러운 오묘한 감정을 느꼈을 것이다. 그리고는 이내 이 감정을 분노로 표출함으로써 자신을 합리화하려 했을 것이다.

「풀밭 위의 점심 식사」와 「올랭피아」의 실제 모델은 마네의 여인이었던 빅토린 뫼랑(Victorine Meurent, 1844~1927)이다. 그녀는 마네의 작품에 8번 정도 등장한다. 그녀는 모델이면서도 화가를 꿈꿨다. 1876년에는 살롱전에서 입선하였고, 그 후 총 5번이나 살롱전에서 입선할만큼 실력이 좋았다. 살롱전에서 한 번도 입선하지 못한 마네의 열등감이었을까? 두 사람은 점점 멀어졌다. 그녀의 작품은 거의 남지 않았다. 불행히도 그녀는 단지 논란의 중심에 선 마네의 작품 속 누드 모델로 많은 사람에게 기억되고 있다.

마네는 1863년 수잔 린호프(Suzanne Leenhoff)와 결혼했다. 네덜란드에서 태어난 그녀는 마네보다 3살 연상의 피아니스트였다. 마네가 린호프를 처음 만나게 된 것은 아버지가 그녀를 자신과 동생 외젠의 피아노 가정교사로 데리고 오면서부터다. 그 당시 19살이던 린호프에게는 1852년에 낳은 레옹이라는 혼외 자식이 있었다. 레옹은 린호프의 아들이 아닌 동생으로 살고 있었다. 마네의 아버지 오귀스트는 고위 관리로 당시 변호사로 활동했다. 아들들이 자신처럼 법을 공부하길 원했다. 그런 집안 분위기에서도 마네는 20대 초반에 린호프와 사랑에 빠졌다. 마네는 자주 그녀의 집을 드나들며, 그녀를 모델로 그림도 그렸다. 그렇게 마네와 린호프는 아버지의 눈을 피하며, 10년간 비밀 연애 관계를 유지했다. 하지만 동생 외젠 역시 형 몰래 린호프와 밀애를 즐겼다. 그러던 그녀가 아들을 낳았다.

마네는 가장으로 강한 책임감을 느꼈고, 그녀를 너무 사랑했다. 마네는 아버지 몰래 린호프와 동거를 시작했다. 어떤 전기 작가는 먼 네덜란드에서 린호프를 프랑스로 데려올 때부터 아버지 오귀스트의 정부였다고 주장하기도 한다. 아버지의 여자관계는 늘 복잡했다. 아버지의 사망 원인은 성병인 매독이었다. 두 아들은 아버지와 그녀의 관계를 알고 있었고, 그래서 자신의 연인 관계를 숨길 수밖에 없었을 것이다. 결국 그 둘은 마네의 아버지가 사망한 1년 후에야 결혼할 수 있었다.

마네도 여자관계가 그리 깨끗하지는 않았다. 마네 역시 많은 여성과 추문을 퍼뜨렸다. 그중 여류화가인 베르트 모리조(Berthe Morisot, 1841~1895)는 마네가 그녀의 초상화를 십여 점이나 그릴 만큼 흠모했다. 마네는 모리조의 작품에도 감탄했다. 그녀를 가까이 두고 싶었던 마네는 그의 동생 외젠에게 그녀를 소개했다. 이러지도 저러지도 못하는 자리에 남는 것보다 결혼하고 어떤 희생이든 감당하는 것이 낫다고 생각한 모리조는 결국 1874년 외젠과 결혼했다. 후대 호사가들은 마네의 「풀밭 위의 점심 식사」에서 누드를 한 여인이 얼굴은 빅토린 뫼랑을 닮았고, 몸매는 부인인 린호프를 모델로 하였다고 주장하기도 한다. 또 어떤 이는 뒤편에서 목욕하는 여인이 린호프라고도 주장한다.

1883년 4월 마네의 왼발은 매독과 류머티즘의 합병증으로 괴사가 진행되고 있었다. 상태는 심각해져 다리를 절단하는 방법 이외 다른 방도가 없었다. 어쩔 수 없이 수술을 받은 마네는 11일 후 51세

제라르 드 레레스의 초상화 Portrait of Gerard de Lairesse
- 1665~1667/112.7×87.6cm/캔버스에 유화
- 렘브란트(Rembrandt/1606~1669/네덜란드)
- 메트로폴리탄 미술관(Metropolitan Museum of Art/미국 뉴욕)

를 일기로 1883년에 생을 마감했다.

　유럽 전역이 매독으로 시달리게 된 것은 1492년 크리스토퍼 콜럼버스(Christopher Columbus, 1450~1506)의 신대륙 발견과 관련이 깊다. 그리스 시대에도 매독에 관한 기록이 있기는 하다. 하지만 유럽에 매독이 유행하게 된 것은 콜럼버스가 신대륙의 풍토병이었던 매독을 선원들이 모험의 부산물로 유럽에 가져온 이후와 시기적으로 맞아떨어진다. 이 가설은 최근 들어 그 시대 유골에 남은 유전자를 분석한 결과로 더 신빙성을 얻고 있다.

　유럽에 들어온 매독이 대륙 전체로 빠르게 확산할 수 있었던 또 다른 주요 원인이 있다. 바로 전쟁이다. 1495년 프랑스 샤를 8세는 나폴리 왕위에 대한 권리를 주장하며, 나폴리를 침공했다. 군인들은 적국의 여인들을 함부로 짓밟았다. 그 과정에서 양측 군인 모두 매독의 먹잇감으로 전락했다. 그렇게 매독균을 가진 많은 군인이

매독 Sífilis
- 1900/46×28cm/종이에 목탄과 파스텔
- 카사스(Ramon Casas/1866~1932/스페인)
- 카탈루냐 국립 미술관(Museu Nacional d'Art de Catalunya/바르셀로나)

저마다의 고향으로 돌아갔다. 문제는 이 군인들의 구성이었다. 샤를 8세의 군은 프랑스, 독일, 스페인, 스위스, 영국, 헝가리 등 유럽 각 지역의 용병으로 구성되어 있었다. 그 결과 매독균은 유럽 전 지역으로 손쉽게 퍼져나갈 수 있었다.

중세 유럽에는 흑사병과 같이 매독에 대항할 방법도 없었다. 1497년 스코틀랜드 에든버러 시의회가 모든 창녀의 매춘을 금지한 행정 조치 정도가 가장 적절한 해결책이었다. 하지만 그 방법도 별다른 실효성은 없었다. 15세기 말 전 유럽에 창궐했던 매독은 수많은 미술작품에 그 흔적이 남겼다. 17세기 렘브란트의 작품 「제라르드 레레스의 초상화」를 보면 당시 24살이던 레레스의 얼굴이 많이 일그러져 있음을 알 수 있다. 매독은 성병이다. 하지만 매독에 걸린 엄마가 가진 매독균(*Treponema pallidum*)은 태반을 뚫고 태아에게까지 침범할 수 있다. 네덜란드의 황금시대를 이끈 레레스는 엄마의 뱃

매독 Syphilis
- 1912 / 52×70.5cm / 종이에 과슈
- 쿠퍼(Richard Cooper / 1885~1957)
- 웰컴 콜렉션(Wellcome collection / 영국, 런던)

속에서부터 매독에 걸려 태어났다. 40대 후반에 들어서는 시력까지 잃었다.

  매독에 걸리면 초기에 침입 부위에 궤양을 만든다. 하지만 불행히도 이렇게 생긴 궤양은 통증이 전혀 없고, 시간이 지나면 자연스럽게 치유된다. 그래서 매독에 걸린 상태로 다른 사람에게 전염시킨다. 그 후 4~10주 정도가 지나면 피부에 발진과 점막에 병적인 증상이 드러난다. 특히 손바닥과 발바닥에 발진이 나타난다. 이때 발진은 단순 접촉만으로도 전염된다. 그 후 매독은 잠복 상태로 들어간다. 그리고 다시 매독이 진행되면 증상은 점점 심해진다. 입천장이 없어지거나 코가 뭉개지고 얼굴도 일그러지면서 실명까지 이어질 수 있다. 몸 내부에서도 장기가 손상되고 신경계에 영향을 주어 정신병이 일어나는 등 심각한 증상이 나타난다. 혈관을 따라 깊이 침투하면 귀가 먹기도 하고, 발을 잘라야 하는 상황에 이르기도 한다.

카사스의 「매독」에는 예쁜 꽃을 든 여인의 등 뒤에 숨긴 다른 손에 뱀이 들려 있다. 이 작품은 매춘의 위험성을 경고하는 포스터다. 쿠퍼의 작품 「매독」에도 매춘에 의한 매독의 위험성이 잘 표현되어 있다. 탁자에는 술에 취한 듯한 남자가 얼굴을 파묻고 엎드려 있다. 속이 훤히 비치는 천을 걸친 매춘부는 커튼을 열고 있다. 그 커튼 사이로 들어오는 매독의 후유증으로 온몸이 흉측한 악마가 남성에게로 음침한 손을 내밀고 있다. 자신이 저지른 부도덕한 행위로 신사의 얼굴도 매독의 흔적을 가진 악마의 얼굴로 변하게 될 것이다.

매독은 수많은 역사적 인물도 괴롭혔다. 악성 베토벤은 귀가 먹었고, 독일의 철학자 니체는 정신착란과 전신 마비를 겪었다. 조지 워싱턴, 나폴레옹, 히틀러, 레닌, 링컨 같은 정치가 마네, 반 고흐, 고갱, 툴루즈 로트렉 같은 미술가, 스메타나, 슈베르트, 슈만 같은 음악가도 매독으로 엄청난 고통을 겪어야 했다. 매독은 거의 500년 동안 유럽 인구의 약 15%를 죽음으로 몰아넣었을 것으로 추정한다. 인류가 현미경으로 매독균을 직접 보게 된 것은 20세기에 들어서였다. 그리고 수많은 과학자의 연구로 치료 방법을 찾을 수 있었다. 하지만 매독은 여전히 많은 나라에서 조용히 전파되고 있는 전염병이다. 성병인 매독은 여전히 타락한 인간에 대한 신의 형벌로 여겨지고 있다.

병실에서의 죽음 Death in the Sickroom

예술가 에드바르 뭉크(Edvard Munch/1863~1944)
국적 노르웨이
제작 시기 1893년
크기 160×134cm
재료 캔버스에 유화
소장처 뭉크 미술관(Munchmuseet/노르웨이 오슬로)

4   연민을 느끼다

> 세월은 너무 쓸쓸하고 단조합니다. 마치 감옥에 들어앉은 것 같아 나의 생활은 단순합니다. 그러니 요사이 며칠은 기침이 심하고 객혈이 더 하여 몹시 신음하는 중입니다. 피가 가슴 속과 함께 떨어질 때 나는 세상의 모든 것을 부인하고 싶습니다.
>
> - 『피 묻은 편지 몇 쪽』(나도향, 1926) 중

뭉크는 노르웨이가 자랑하는 예술가다. 노르웨이 1000 크로네(Tusen(1,000) Kroner)에 그의 얼굴과 작품이 그려져 있을 정도로 사랑받는 작가다. 뭉크는 미술사적으로도 19~20세기 표현주의의 발전에 이바지했다.

뭉크의 작품에는 실존의 고통이 형상화되어 있다. 특히 가족의 질병, 죽음 그리고 슬픔에 대한 감정이 그의 작품에 독창적인 방식으로 잘 묘사되어 있다. 1893년 「병실에서 죽음(Death in the Sickroom)」도 그런 작품 중 하나다. 작품의 시작은 1877년 병실에서 15살 아리따운 나이의 누나 소피가 결핵으로 죽음을 맞이하는 시점으로 돌아간다. 덩그러니 침대와 의자만 놓인 병실에 가족들이 슬픔에 잠겨 있다. 어머니는 이미 10년 전 결핵으로 가족과 이별한 후였다. 어린

누나는 돌려 놓인 의자에 앉아 있다. 죽음이 다가옴을 직감한 누나는 마지막으로 침대에서 내려와 의자에 앉고 싶어 했다. 누나는 정말 살고 싶었다. 동생 뭉크는 함께 보낸 즐거웠던 추억을 기억해 냈다. 하지만 소피는 이미 의자에서 의식을 잃었다.

「죽음에 순간」이라고도 불리는 이 작품 속 가족들은 1893년 모습으로 그려져 있다. 의사였던 아버지는 두 손을 모아 간절히 기도하는 중이다. 의자 뒤로는 오랫동안 가족을 돌봐주었던 이모가 서 있다. 셋째 동생은 우리를 똑바로 바라보고 있다. 그녀 뒤에 등지고 있는 남자가 바로 뭉크다. 동생 로라는 깍지 낀 손을 무릎에 얹고 슬픔에 잠겨있다. 남동생은 차마 누이를 바라보지 못하고 문 앞 벽만 보고 서 있다. 가족과의 갑작스러운 이별은 과거와 현재에 존재하는 동시적인 감정이다. 뭉크는 그 슬픔을 대담하게 피로 얼룩진 결핵을 표현하는 듯한 붉은 색과 녹색의 대조 그리고 단순한 윤곽으로 묘사했다. 의자에 앉아 죽어가는 소피는 다른 가족에 비해 작게 그려졌다. 그 이유는 그녀가 죽은 당시 모습으로 그려졌기 때문이다. 시간은 흘렀어도 슬픔은 그 당시 그 장소에 갇혀버렸다. 작품 속 등장인물은 모두 소피를 바로 보지 못한다. 가족을 잃은 슬픔과 상실감은 누구든 쉽게 직면할 수 없다. 그리고 시간이 지나도 쉽게 사라질 수 없는 슬픔이다. 「병실에서의 죽음」은 두 가지 버전이 있다. 두 작품 모두 오슬로에서 발견되었고, 하나는 뭉크미술관에 다른 하나는 국립미술관에 전시되어 있다.

뭉크의 작품 「아픈 아이」와 「봄」은 결핵으로 힘들어하는 소피의 모습을 그린 다른 작품이다. 결핵이 백색병(white disease)이라고 불리듯 누이는 창백한 얼굴로 무기력한 모습이다. 「아픈 아이」에서 소

아픈 아이 The Sick Child
- 1885~1886/120×119cm/캔버스에 유화
- 에드바르트 뭉크(Edvard Munch, 1863~1944)
- 국립미술관(Nasjonalmuseet/노르웨이 오슬로)

피를 돌봐주던 이모는 죽어가는 조카의 얼굴을 차마 보지 못한 채 고개를 떨구었다. 팔을 잡듯 꺼져가는 어린 생명을 부여잡을 수만 있다면 얼마나 좋을까? 결핵과 싸우는 누나가 힘든 이모를 위로하는 듯 보이기도 한다. 작품「봄」에서는 결핵에 걸린 누나가 조금 전 흰 수건에 피를 토한 듯하다. 창밖으로 펼쳐진 풍경과 따스한 햇볕은 소피의 운명과 너무 대조적이다. 화창한 봄날은 꺼져가는 소피

봄 spring
- 1889/169×263.5cm/캔버스에 유화
- 에드바르트 뭉크(Edvard Munch, 1863~1944)
- 국립미술관(Nasjonalmuseet/노르웨이 오슬로)

쇼팽의 초상화 Portrait of Frédéric Chopin
- 1838/46×38cm/캔버스에 유화
- 외젠 들라크루아(Eugène Delacroix/1798~1863/프랑스)
- 루브르(Louvre/파리)

의 봄날이다. 눈부신 봄을 마주한 소피는 외면하고 싶었는지 고개를 돌렸다. 결핵으로 호리호리하고 마른 체격의 누나는 늘 기운이 없고 말소리도 조용했다. 그만큼 뭉크는 그림에서처럼 누이에 대한 연민으로 가득하다.

결핵으로 많은 유명 인사가 고통 받았다. '피아노의 시인'이라 불리는 폴란드 음악가 프레데리크 쇼팽(Frédéric Chopin, 1810~1849) 역시 결핵으로 고생하다 죽었다. 결핵으로 숨 쉬는 것조차 힘들어했다. 기침은 심각했고, 늘 붉은 피를 토했다. 세상의 모든 것이 자신의 가슴을 짓누르는듯한 고통으로 극심한 답답함을 느꼈다. 차라리 칼로 가슴을 절개해 활짝 열어 두고 싶었다. 그러지 않고 땅속에 묻힌다면 그 답답함이 계속될 것이라는 불안감도 있었다. 결핵은 그렇게 고통스러운 병이다. 「쇼팽의 초상화」에도 그가 결핵으로 고생한 흔적이 느껴진다.

> 결핵으로 죽는 것: 세상이 나의 숨통을 죄어 온다. 내 가슴을 칼로 가르고 열어 두게 하라. 그래야 내가 산채로 묻히지 않을 것이다.
>
> Dying of tuberculosis: The earth is suffocating… Swear to make them cut me open, so that I won't be buried alive.
>
> -프레데리크 쇼팽

처음이자 마지막 영성체 The First and Last Communion
▸ 1888/200×250cm/캔버스에 유화
▸ 크리스토퍼 로하스(Cristóbal Rojas/1858~1890/베네수엘라)
▸ 국립미술관(National Art Gallery)/베네수엘라 카라사스

　결핵은 지식인 혹은 천재의 질병으로 그들 앞에 요절이라는 수식어를 낳았다. 우리나라에도 일제 암흑기에 예술혼을 불태우며 살아간 『날개』의 이상, 『동백꽃』의 김유정 그리고 영화 「아리랑」의 나운규가 결핵으로 요절했다. 『제인 에어』, 『폭풍의 언덕』의 영국 작가 브론테 자매, 『심판』, 『변신』의 체코 소설가 프란츠 카프카도 역시 결핵으로 사망했다. 너무 많은 예술가가 결핵으로 고생한 나머지 결핵은 '예술인의 직업병'이라고 불릴 정도였다. 낭만주의가 꽃을 피우던 19세기에는 결핵이 창의성과 예술적 기질이 뛰어나다는 증거로 여겨졌다. 어리석게도 일부 예술가는 결핵을 동경하기까지 했다.

　현대 드라마에는 가끔 주인공이 암과 같은 불치병에 걸려 가련하게 죽는 극적 요소를 넣는다. 이런 장치는 오페라에도 등장한다. 이탈리아 작곡가 푸치니의 오페라 「라 보엠」의 미미, 베르디의 오페라 「라 트라비아타」의 비올레타 모두 결핵으로 죽는다. 비련의 여주인공을 강조하기 위해 결핵을 활용했다. 여주인공은 홍조를 띠고 창백한 얼굴에 몸은 말라 가냘프다. 결핵에 걸린 여주인공은 로하스의 「처음이자 마지막 영성체」에서 죽음에 직면한 아이처럼 연민을 불러일으키기에 충분했다.

1632년 영국의 통계학자이자 인구 통계학을 개척한 존 그런트(John Graunt, 1620~1674)는 영국 런던이 있던 미들섹스 군(Middlesex County)의 주민 사망원인을 조사한 결과를 발표했다. 이는 첫 전염병에 관한 연구 보고서라고 볼 수 있다. 이 조사에서 사망원인 제1위는 영아 사망이었고, 그다음이 결핵이었다. 19세기에 프랑스나 영국의 사망자 가운데 25% 정도가 결핵으로 숨을 거두었을 것으로 추정한다.

인류학자는 사람이 결핵이란 전염병에 걸리게 된 이유를 가축에서 찾는다. 가축은 노동력에 덤으로 고기, 가죽, 우유와 같은 부산물도 제공한다. 하지만 결핵과 같은 전염병의 원인이 되는 단점도 있었다. 사람과 가축의 공생 관계는 유구한 역사를 가졌다. 인류가 농경사회를 이루면서는 가축의 노동력이 더 많이 필요했다. 그 역사의 시간만큼 사람과 결핵의 인연은 매우 질겼고, 수많은 기록을 남겼다. 6천 년 전 이집트 미라에는 결핵을 앓은 흔적이 남아 있다. 기원전 7세기 아시리아를 지배했던 아슈르바니팔 왕 시대에 창백하고 차가운 피부, 기침과 피가 섞인 가래 등 결핵의 증상을 묘사한 점토판도 발견되었다. 기원전 460년 고대 그리스 철학자 히포크라테스가 결핵에 걸리면 사망에 이른다는 경고를 하면서 감염되지 않도록 가능한 환자에게서 떨어져야 한다는 기록도 남아 있다.

중세 시대 다른 전염병과 같이 결핵도 뾰족한 치료법이 없었다. 11세기에는 프랑스의 로베르 2세가 결핵 환자의 부은 목을 만져준 후 치유된 일이 있었다. 그 후 신성한 왕의 손길로 결핵을 치료할 수

불행 La miseria
▶ 1886/180.4×221.4cm/캔버스에 유화
▶ 크리스토퍼 로하스(Cristóbal Rojas/1858~1890/베네수엘라)
▶ 국립미술관National Art Gallery/베네주엘라 카라카스)

있다는 소문이 퍼지면서 13세기 영국 에드워드 1세는 1달에 5백 명 이상, 14세기 프랑스 왕 필리프 6세 때에는 하루 1천 5백 명 이상의 환자가 왕의 손길만을 기다렸다. 이 관습은 18세기 초 영국의 앤 여왕 때까지 이어졌다. 하지만 치료 효과가 전혀 없었던 이 관습으로 결핵은 '왕의 사악함(The King's evil)'이라는 별명까지 얻게 되었다.

19세기 중반 독일 의사 헤르만 브레머(Hermann Brehmer)가 오스트리아에 처음으로 요양원을 세웠다. 결핵의 다른 별명은 '소모병(Consumption)'이다. 결핵으로 고생하면 심신이 쇠약해진다. 환자가 요양하면 기력이 다소 회복되면서 면역력이 높아져 증상이 완화된다. 대부분 요양소는 마을과 떨어진 외진 곳에 설립되어 자연스럽게 결핵 환자를 격리하는 장점을 얻을 수 있었다.

대부분 전염병이 그랬듯 19세기까지 결핵은 그 원인조차 몰랐다. 결핵 환자의 부모에게서 태어난 자녀는 자연스럽게 결핵 환자가 된다. 이런 이유로 중세 유럽인은 결핵이 일종의 유전병이라 생각하기도 했다. 심지어 환자의 창백한 얼굴, 차가운 피부, 유난히 반짝이는 눈, 그리고 희미한 심장박동이 흡혈귀의 특성이라는 이유로 흡혈귀설도 퍼져 있었다.

로하스의 작품 「불행」을 보면 19세기 도시 빈민의 고달픈 삶을 조금이나마 엿볼 수 있다. 산업혁명으로 시골의 가난한 농민들이 일자리를 찾아 도시로 몰려들었다. 도시는 보건, 위생, 환경에 대한 기본적인 기반조차 갖춰져 있지 않았다. 그 시기 도시는 불어나는 시민을 감당할 수 없었다. 그럼에도 도시화는 가속화되었다. 노동자는 도시의 하층민으로 점점 더 힘든 삶을 살아갈 수밖에 없었다. 밀집된 도시는 점점 더 전염병의 위험성에 노출되고 있었다. 어느 순간 사랑하는 사람을 잃는 불행이 누구에게나 찾아올 수 있었다.

결핵의 원인을 찾아낸 과학자는 1882년 세균학의 아버지로 불리는 로베르트 코흐(Robert Heinrich Hermann Koch, 1843~1910)다. 코흐가 질병의 원인이 세균이라는 것을 알아냄으로써 병을 전염병과 비전염병으로 구분할 수 있게 되었다. 더 나아가 공중보건에 대한 인식도 생기기 시작했다. 환경을 개선하면 건강한 사람이 전염병에 걸리는 것을 막을 수 있다는 사실을 인식하기 시작했다. 1차세계대전 당시 미국 의회는 거리에서 침을 뱉지 않도록 하는 법을 통과시키기도 했다. 이후 대대적인 공중보건 운동도 일어났다. 코흐는 1905년 결핵균 발견의 공로를 인정받아 노벨 생리·의학상을 받았다.

결핵은 결핵균(Mycobacterium tuberculosis)이 일으킨다. 환자의 침, 가래, 콧물과 같은 비말로 전염된다. 일상생활에서 사람은 분비물을 계속 만들어 배출한다. 특히 재채기라도 하면 4만 개 정도에 이르는 작은 분비물 방울이 한꺼번에 만들어진다. 결핵 환자가 만든 작은 분비물 한방울에 10마리 정도의 결핵균만 들어 있어도 이를 흡입한 사람은 결핵에 걸릴 수 있다. 결핵균의 전파를 막으려면 환자의 식기,

의복 등을 자주 삶고, 햇빛에 노출해 멸균해야 한다. 일반적인 전염병처럼 창문을 열어 환기를 자주 하는 것은 필수다. 특히 엘리베이터와 같이 좁고 밀폐된 공간에서는 전염이 쉽게 일어날 수 있다.

우리나라는 후진국 병이라는 결핵 환자 발생률이 매우 높은 편이다. 국가적 차원에서 문제 해결을 위해 지속적인 노력을 기울이고 있다. 그 결과 환자는 계속 감소하는 추세다. 그런데도 2019년 기준 환자가 인구 10만 명당 59명 정도이며, 매년 2~3만 명 정도의 신규환자가 발생한다. 매년 2,000여 명 정도가 결핵으로 사망한다. 북한은 더 심각해서 우리보다 환자 발생과 사망률이 4~5배 정도 더 높다. 결핵의 관리를 위해서는 조기 발견과 치료 그리고 체계적인 관리가 요구된다. 대한결핵협회는 다양한 결핵 퇴치사업을 전개하며 우리나라 결핵 문제 해결을 위해 노력 중이다.

결핵은 가축으로 인한 전염병 역사의 끝이 아니다. 환경 파괴로 인류는 가축뿐 아니라 더욱 다양한 야생 동물과 접촉하고 있다. 그 결과 새로운 전염병이 등장하고 있다. 원숭이에게서 에이즈, 소에게서 광우병, 낙타에게서 사스, 그리고 박쥐에게서 코로나19까지 신종 전염병이 계속 우리의 생존을 위협하고 있다. 여기에 더해 항공기 같은 교통의 발달은 지엽적으로 발생하던 풍토병을 전 지구에 순식간에 퍼트린다. 이제 전염병은 인류 전체의 당면 과제다. 과학자들은 또 다른 형태의 새로운 전염병 등장을 경고하고 있다. 치사율이 높은 조류 독감의 독성과 빠른 전파력을 자랑하는 인플루엔자가 동시에 감염된 동물에서 이 둘의 능력을 모두 갖춘 바이러스가 탄생한다면 어떻게 될까? 이는 분명 코로나19보다 훨씬 치명적인 인류 대재앙이 될 것이다.

가족 La famiglia

예술가 에곤 실레(Egon Schiele/1890~1918)
국적 오스트리아
제작 시기 1918년
크기 152×162cm
재료 캔버스에 유화
소장처 벨베데레 궁전(Österreichische Galerie Belvedere/ 오스트리아 비엔나)

5 가이아의 공격을 받다

> 대유행은 1918년 9월 한국에 나타났다. 유럽에서 시베리아를 거쳐 감염된 것은 의심의 여지가 없다. 이 질병은 남만주 철도를 따라 북쪽에서 남쪽으로 퍼졌다. 수도 서울에서 우리가 본 첫 번째 사례는 9월 하순이었다. 10월 중순 이전에는 전염병이 최고조에 달했다.
> - Pandemic Influenza in Korea with Special Reference to its Etiology(프랭크 W 외, 1919) 중

에곤 실레는 오스트리아 빈 근교에서 태어났다. 그 당시 오스트리아는 프랑스혁명 동안 나폴레옹과 큰 전쟁을 치른 뒤였다. 조국의 쇠퇴하는 국력만큼이나 에곤 실레도 불안한 삶을 살았다. 심지어 15살에 아버지를 매독으로 잃었다. 매독을 앓던 아버지는 광적인 행동을 보였고, 육체도 정상이 아니어서 경제적으로도 힘들었다. 이런 사회와 가정 분위기는 질풍노도의 시기를 보내는 청소년기와 맞물려 그를 더욱 혼돈 속으로 빠져들게 했다.

실레는 16살에 전통을 중시하는 빈미술아카데미에 입학했다. 하지만 자유분방한 그의 성격과 맞지 않았다. 3년 뒤 학교를 나온 19살의 실레는 당대 최고 화가였던 구스타프 클림트를 만났다. 실레

①	②	
		④
③		

① **황토색 커튼 앞의 게르티** Gerti vor ockerfarbener Draperie
- 1910/55.1×34.7cm/종이에 연필과 과슈
- 알베르티나(Albertina/비엔나)

② **모아** Moa
- 1911/31.5×47.8cm/종이에 연필, 불투명 수채
- 레오폴드 박물관(Leopold Museum/비엔나)

③ **붉은 블라우스를 입은 누운 발리** Wally with red blouse lying on her back
- 1913/31.5×49cm/연필, 수채, 템페라
- 개인소장

④ **줄무늬 드레스를 입은 에디트 자화상** Portrait of Edith Schiele with Striped Dress
- 1915/40.2×50.8cm/연필, 과슈
- 레오폴드 박물관(Leopold Museum/비엔나)

의 재능을 알아본 클림트는 기꺼이 그의 멘토가 되어주었다. 그 후 클림트에게서 큰 영향을 받은 실레는 자신만의 독특한 화풍을 만들어갔다.

에곤 실레의 화풍은 이전에는 경험하지 못한 완전히 새로운 것이었다. 그의 누드화에는 성에 대한 매우 솔직하고 적나라한 묘사가 들어 있다. 그런데 전적으로 외설이라기에는 에로틱함만을 강조한 것도 아니다. 막 20세기가 시작하던 시대의 눈에는 예술과 외설의 줄타기처럼 아슬아슬했다. 인간이 가진 삶의 고통과 죽음을 거친 붓질로 격정적으로 고통스러운 듯 표현했다. 그의 작품에는 인간 본연의 사랑, 자유 그리고 욕망이 들어있다.

에곤 실레에게는 예술적 영감을 준 4명의 뮤즈(Muse)가 있었다. 사춘기 청소년의 감수성과 성적 호기심이 피어나던 시기 그의 첫 뮤즈는 여동생 게르티 실레였다. 여동생이었지만 오빠를 사랑했고, 과감하게 누드 작품의 모델이 되어주었다. 실레 남매는 가족의 걱정과 의심을 받을 만큼 위험하고 아슬아슬했다. 하지만 그 관계는 팬터마임 연기자인 두 번째 뮤즈 모아를 만나면서 멀어졌다. 실레의 작품에 가장 많은 영향을 준 운명적인 세 번째 뮤즈는 발리 노이질(Valerie Neuzil, 1894~1917)이었다. 실레는 클림트의 소개로 17세인 그녀를 만났다. 이미 클림트의 모델로 활동하던 발리는 예술에 대한 이해도가 높았다. 실레는 관능적이고 도발적인 그녀의 모습에 빠져들었다. 그들은 곧 비엔나에서 동거를 시작했다. 자유분방한 실레와 발리는 폐쇄적이던 도시 비엔나를 떠나 남부 보헤미아에 있는 어머니의 고향 체스키 크룸로프(Český Krumlov)로 갔다. 현재 이곳에는 미술 애호가들이 좋아하는 에곤실레미술관이 있다. 이 미술관은 마을 지역 경제에 많은 도움을 주고 있다. 하지만 그 당시 실레는 마을 사람에게 전혀 환영받지 못했다. 심지어 애정 행각에 성난 주민들에게 쫓겨나기까지 했다. 가난한 젊은 연인은 예술적 영감과 경제적 부담을 줄이기 위해 비엔나에서 약 35Km 정도 떨어진 노이렝바흐(Neulengbach)로 거처를 옮겼다.

 인간의 본성을 찾고 표현하고 싶었던 실레는 자유분방한 작업 방식과 방탕한 생활 때문에 늘 많은 비난을 받았다. 특히 미술계에 이름을 알리기 시작했을 시기인 1912년에는 한 퇴역 장교가 실레를 자신의 딸을 유혹하고 유괴했고 아이들에게 외설적인 그림을 보여주었다는 이유로 고발했다. 그 과정에서 그의 드로잉 작품 수백 점도 증거물로 압수당했다. 판사는 유혹과 유괴 혐의는 기각했지만, 아이들이 볼 수 있는 장소에 외설적인 그림을 전시한 부분은 유죄로 인정했다. 심지어 그의 작품 한 장도 불태워버렸다. 결국 그는 구속 상태에서 21일간 재판을 받은 점을 고려하여, 판결 3일 후에 풀려났다. 이 사건만으로도 그 당시 사람들이 실레의 작품을 어떻게 바라보고 있었는지 짐작할 수 있다. 실레는 재판을 받던 중에도 「오렌지 하나가 유일한 빛이었다」와 같은 12점의 작품을 그렸다.

 실레가 재판을 받는 동안 발리는 그를 구하기 위해 동분서주했다. 그녀는 실레에게 매우 헌신적이었다. 실레의 많은 작품에 모델이 되어주었고, 연인으로 그를 잘 돌봐주었다. 심지어 그녀는 자신이 그려진 선정적인 그림을 팔거나 배달하는 일도 했다. 그 과정에서 사람들이 던지는 수치스러운 말과 눈길도 견뎌야만 했다.

 실레에게 발리는 예술적 영감을 불러일으키는 절대적인 존재였다. 하지만 실레는 발리를 결혼 상대로 원하지는 않았다. 그는 1915

년 이웃에 살던 중산층 집안의 에디트 하름스(Edith Harms, 1893~1918)와 결혼을 결심했다. 실레의 작품 「죽음과 여자」에는 그 당시 헤어져야 하는 자신과 발리의 복잡한 감정이 잘 표현되어 있다. 이 작품에서 발리는 이별을 인정하지 못하고 여린 팔로 실레를 감싸고 있다. 하지만 실레는 그녀의 머리에 입을 맞추면서도 이제 끝이라는 듯 멍한 시선을 하고 있다. 심지어 그의 오른팔은 그녀를 밀치는 듯 보인다. 실레를 감싼 발리의 두 팔은 그를 완전히 감싸지도 못했다. 발리도 이별 앞에서 어쩔 수 없음을 받아들이는 듯하다. 그림의 복잡한 배경은 혼란스러운 상황을 더욱 극대화한다. 결국 1915년 6월 실레는 발리를 버리고 에디트와 결혼했다. 어처구니없게도 실레는 발리가 곁에 있기를 바랐지만, 그녀는 다시는 돌아오지 않았다. 발리의 행적은 정확하지 않지만, 1917년 1차세계대전에 간호사로 참전했다가 전사한 것으로 알려져 있다.

　1차세계대전이 발발한 것은 유럽이 본격적인 여름으로 접어들던 1914년 7월 28일이었다. 겨울이 오기 전에 끝날 것으로 생각했던 전쟁은 예상과 달리 온 유럽을 혼란과 고통에 빠트렸다. 이제까지 경험하지 못했던 기계화된 전쟁은 대량 살상으로 이어졌다. 4년간 참호 속에서 견뎌야만 했던 무기력한 전쟁은 1918년 11월 11일이 되어서야 끝이 났다. 실레도 이 전쟁을 피해갈 수는 없었다. 징집을 피하던 실레는 1915년 6월 17일 네 번째 뮤즈인 에디트와 결혼한 3일 후 군에 입대했다. 다행히 체코 프라하에서 근무하며 작품 활동을 이어갈 수 있었다. 복무 중임에도 베를린 취리히, 프라하 등에서 전시회를 가질 수 있었다. 1차세계대전 당시 전쟁은 참호를 중심으로 이어진 전선에서 일어났다. 도시의 삶은 궁핍하고 피폐했지만, 전

죽음과 소녀 Death and the Maiden
- 1915 / 150×180cm / 캔버스에 유화
- 에곤 실레(Egon Schiele / 1890~1918 / 오스트리아)
- 벨베데레 궁전(Belvedere Palace / 오스트리아 비엔나)

쟁의 공포에서는 조금 떨어져 있을 수 있었다. 그렇게 전쟁의 끝나가던 1918년 에디트는 학수고대하던 실레의 아기를 임신하게 되었다. 실레는 너무 기쁜 마음에 곧 태어날 아기와 행복한 가족을 꿈꾸며 「가족(La famiglia)」을 그리기 시작했다. 그의 작품에서 그가 꿈꾸던 가족은 특별하지도 유별나지도 않은 그저 평범하고 행복한 모습이었다. 하지만 신은 그의 평범함을 들어주지 않았다.

스페인 독감은 20세기 가장 크게 유행한 전염병이다. 감염 초기에는 감기에 걸린 듯한 가벼운 증상이 금세 폐렴으로 이어진다. 환자의 상태가 너무나 급작스럽고 심각하게 나빠졌다. 어떤 경우에는 폐 전체가 붓고 피가 났다. 환자는 피부색이 보랏빛으로 변하며 죽었다. 1918년 봄에서 1919년 겨울 사이에는 3차 확산이 있었다. 그

스페인 독감에 걸린 자화상 Self-Portrait with the Spanish Flu
- 1919/150×131cm/캔버스에 유화
- 뭉크(Edvard Munch/1863~1944/노르웨이)
- 오슬로 국립미술관(Nasjonalmuseet for kunst, arkitektur og design/노르웨이 오슬로)

확산으로 세계적으로 정확히 얼마나 많은 사망자가 발생했고 죽었는지 조사할 수조차 없었다. 그렇게 전 세계적으로 5,000만 명 정도가 사망했을 것으로 추정하고 있다. 1918년 10월 28일 에디트는 결국 뱃속의 태아와 함께 사망했다. 실레도 3일 후 그녀를 따랐다. 그리고 11일 후 전쟁은 멈췄다.

> 어머니에게
> 에디트가 8일 전 스페인 독감에 걸려 폐렴 증상으로 고통받고 있어요. 이제 임신 6개월입니다. 병이 매우 심각하고 치명적이라. 저는 최악의 상황에 대비하고 있어요.
> - 1918년 에곤 실레가 자신의 어머니에게 보낸 편지 내용 중

바이러스는 전쟁을 멈추게 할 만큼 강력했다. 뭉크는 「스페인 독감에 걸린 자화상」에서 스페인 독감의 위력이 얼마나 대단했는지 느낄 수 있도록 표현했다. 그리고 그의 표정에서 지구상에 존재하는 인간의 나약함과 강인함이 동시에 느껴지기도 한다.

최초 환자는 1918년 3월 초 캔자스에 주둔하던 미군이었을 것으로 추측한다. 독감은 빠른 기세로 전 세계에 퍼져나갔다. 미국, 영국, 프랑스를 넘어 인도 그리고 아시아의 끝 우리나라까지도 넘나들었다. 1차세계대전의 참호 속에서도 스페인 신문으로 전염병 소식을 들을 수 있었다. 스페인에서 알려주는 독감은 곧 스페인 독감이라는, 스페인 사람에게는 귀에 거슬리는 이름으로 불리기 시작했다.

스페인 독감은 건강한 젊은이에게 좀 더 치명적이었다. 이는 면역력이 강해서 강력한 사이토카인 폭풍이 일어나기 때문이다. 바이러스에 감염되면 면역 반응으로 우리 몸이 스스로 방어한다. 하지

만 방어력이 왕성한 젊은이는 급격한 과민반응으로 이어진다. 실제 남아프리카공화국 케이프타운에서는 젊은 부모가 많이 죽어 2~3천 명의 고아가 생겼고, 런던에서도 1918년 9월에서 12월 사이 사망한 1만 6천 명 중 대부분이 젊은 사람이었다. 1919년은 스페인 독감으로 영국에서 통계를 시작한 이후 처음으로 사망률이 출생률을 앞지른 해로 기록되었다.

과학자들은 스페인 독감을 정확히 밝혀내지 못했다. 전자현미경이 개발되기도 전이었던 당시엔 바이러스의 모습조차 볼 수 없었다. 분자생물학이 급속히 발전한 2005년 제프리 토벤버거(Jeffrey Taubenberger, 1961~)와 앤 리드(Anne Reid, 1935~)는 바이러스의 RNA 조각을 분석해 유전자 구조를 밝혔다. 당시 사망자의 조직 표본에서 얻은 스페인 독감 바이러스를 분석한 결과 H1N1인 일종의 조류 독감이었다. 닭, 오리 등의 조류에 발병하는 조류 독감은 전염성 호흡기 질환이다. 사람에게 전염될 가능성은 적지만 일단 감염이 되면 높은 치사율을 보인다. AI(Avian Influenza)로도 잘 알려진 조류 독감이 농장에 휘몰아치면 수많은 가금류를 매몰 처분하는 이유도 사람 사이의 대유행을 막으려는 조치다. 바이러스 학자는 독성이 강한 조류 독감과 사람에게 잘 전염되는 A형 독감이 서로 만나 두 특성을 모두 가진 돌연변이의 출현에 대해 가장 우려를 표하고 있다. 2019년부터 전 세계를 충격으로 몰아넣었던 코로나19보다 더 강력한 바이러스가 출몰할 가능성이 여전히 남아있는 것이다. 만약 새로운 바이러스에 의한 새로운 대유행이 발생한다면 현재 우리가 겪은 코로나19보다 더욱 심각한 사회 체계의 붕괴를 가져올 수 있다.

제임스 러브록(James Lovelock, 1919~)은 그의 저서 「지구상의 생명을 보는 관점」에서 '가이아 이론'을 주장한다. 가이아는 고대 그리스 신화 속 대지의 여신이다. 그는 지구를 하나의 생명체로 설명한다. 가이아는 사람처럼 유기적 구성 체계로 항상성을 유지한다. 그런데 가이아에게 사람은 지구의 항상성을 파괴하는 하나의 병원체다. 가이아는 사람이 가진 면역계처럼 자신만의 면역계를 가지고 있다. 바이러스가 바로 그것이다. 지구의 관점에서 사람은 환경을 파괴하는 위협적인 병원균이다. 하지만 흥미로운 것은 어떤 강력한 바이러스라도 인류 전체를 멸종시킬 가능성은 작다. 우리도 매우 다양한 면역 물질인 항체를 만들 수 있는 면역계를 가지고 있어서다. 역으로 지구 역시 다양한 바이러스로 사람을 끊임없이 공격할 수 있다는 말이다. 바이러스는 진화를 거치면서 계속해서 새롭게 나타날 것이다.

지구 온난화도 새로운 바이러스 출현의 원인으로 지목되고 있다. 2016년 시베리아의 여름 기온이 급격하게 상승했다. 그 결과 동토층에 얼어있던 75년 전 죽은 순록의 사체가 그 모습을 드러났다. 그런데 이를 만진 목동은 죽었고, 스무 명 정도는 병에 걸렸다. 또한 주변에 서식하던 순록도 물과 풀을 먹으면서 집단 감염이 나타났다. 이 사건으로 순록도 2,000여 마리 정도 죽었다. 조사 결과 75년 전 순록의 사체에서 탄저균이 발견되었다. 1941년 이후 러시아에 탄저병이 퍼진 것은 처음이었다.

과학자는 극지방 등의 빙하 속에 잠들어 있던 고대 바이러스가 지구 온난화로 다시 등장할 수 있다고 우려를 나타냈다. 한국해양과학기술원(KIOST) 부설 극지연구소는 1만 5천 년 된 티베트 빙하에서 다수의 바이러스를 발견했다. 그중 28종의 바이러스가 현재는 존재하지 않는 새로운 종임을 밝혔다. 「네이처」에 발표된 연구 결과에 따르면, 1961~2016년까지 약 9조 톤에 이르는 빙하가 사라진 것으로 추정된다. 이 빙하에서 과거 인류가 백신을 무기로 멸종시킨 천연두 바이러스가 다시 깨어날 수도 있다. 인류가 또 다른 판도라의 상자를 연 것은 아닌지 걱정스럽다.

감자 먹는 사람들 The potato eaters

예술가 빈센트 반 고흐(Vincent van Gogh/1853~1890)
국적 네덜란드
제작 시기 1885년
크기 82×114㎝
재료 캔버스에 유화
소장처 반 고흐 미술관(Van Gogh Museum/네덜란드 암스테르담)

6   보이지 않는 손이 역사를 바꾸다

> 감자 먹는 농부를 그린 그림이 결국 내 그림들 가운데 가장 훌륭한 작품으로 남을 것이다.
> － 고흐가 여동생 빌헬미나에게 보낸 편지 중

밀레의 영향을 받은 빈센트 반 고흐는 농민의 애환을 그리는 농민 화가가 되고 싶었다. 농민은 힘들지만 정직한 땀으로 하루를 살아가는 사람이다. 분명 문명화된 도시인의 삶과는 다르다. 고흐는 그 농민이 가진 내면을 화폭에 담고 싶었다. 농민의 삶에서 동정과 같은 감상은 빼고 감동의 깊이가 있는 모습을 더하고 싶었다. 고흐에게 이것은 화가로서 잠재된 자신의 본능을 확인하기 위한 하나의 도전 과제였다. 그는 자신이 꿈꾸는 진정한 화가가 되기 위해 올바른 길을 걷고 있음을 작품으로 증명해 보이고 싶었다.

고흐는 유화 850점, 소묘 1,100여 점 등 약 2천여 점의 작품을 남겼다. 그중에서도 「감자 먹는 사람들」은 그가 가장 심혈을 기울인 작품이라고 할 수 있다. 농부를 표현하기 위해 100가지 이상의 초상화를 연구하고 그렸다. 작품의 탄생 과정에서 여러 번의 습작도 있었다. 그렇게 그림 속 등장인물, 시선, 표정, 손의 움직임을 계속 수정하고 보완했다. 특히 손의 묘사를 위해 손만 따로 스케치하고 연

편지 속 습작 Sketches in Letter/1885
▶ 반고흐 미술관(Van Gogh Museum/네덜란드 암스테르담)

구할 정도로 집중했다. 고흐는 이 작품을 구상하면서 두 점의 스케치를 동생에게 보냈고, 여러 중간 작품을 남겼다. 이런 열정으로 「감자 먹는 사람들」은 그의 초기 걸작으로 인정받고 있다.

> 라파르트가 이 그림을 보고 왜 그렇게 지저분한 빛깔을 사용하냐고 했지. 하지만 나는 더 어둡고 지저분한 빛깔로 그릴 것이다. 그 탁한 빛깔 속에도 얼마나 밝은 빛이 있는지 사람들은 알지 못한다. 나는 이 그림에 진실을 담을 것이다. 어둠 속에서도 빛나고 있는 이들의 삶의 진실을 담아낼 것이다. 사람들의 주름에 배어있는 깊은 삶과 손과 옷에 묻어있는 흙의 의미를 노래할 것이다.
>
> -고흐가 동생 태오에게 보낸 편지 중

「감자 먹는 사람들」은 친구 안톤 반 라파르트의 지적처럼 매우 어둡고 지저분하다. 하루 일을 마친 농부가 소박한 식탁에 둘러앉았다. 식탁이 놓인 집에는 이렇다할 가구 하나 보이지 않는다. 작은 불빛 하나만이 가족을 축복해 주는 듯하다. 불빛이 내려앉은 식탁 위에는 힘든 노동에 대한 만찬으로 감자가 담긴 접시와 따뜻한 차가 있다. 농민의 고단한 삶은 그들의 얼굴에 고스란히 묻어난다. 광

감자 먹는 사람들 The Potato Eaters
- 1885/72×93cm/캔버스 패널에 유화
- 크륄러 뮐러 미술관(Kröller-Müller Museum/네덜란드 오테)

감자 바구니 Basket of Potatoes
- 1885/45×60.5cm/캔버스에 유화
- 반고흐 미술관(Van Gogh Museum/네덜란드 암스테르담)

감자가 있는 정물 Still life with potatoes
- 1888/39×47cm/캔버스에 유화
- 크륄러 뮐러 미술관(Kröller-Müller Museum/네덜란드 오테)

감자 수확 The Potato Harvest
- 1855/54×65.2cm/캔버스에 유화
- 밀레(Jean-François Millet/1814~1875/프랑스)
- 월터스 미술관(Walters Art Museum/미국 볼티모어)

대뼈가 드러난 얼굴은 배경이 어두움에도 햇볕에 검게 그을렸음을 알 수 있다. 힘들고 지친 하루를 보냈는지 서로 눈도 마주치지 않는다. 엇갈리는 시선 사이로 감자와 차를 나누는 모습에서 따뜻한 가족임을 느낄 수 있다. 노동에 지친 하루와 꾸미지 않고 예쁠 것 하나 없는 순수한 농부의 삶이다. 고흐의 「감자 먹는 사람들」 첫 작품은 네덜란드 크뢸러뮐러미술관이 소장하고 있다. 우리가 친숙한 「감자 먹는 사람들」은 두 번째 작품으로 반고흐박물관에 있다.

> 나는 램프 불빛 아래에서 감자를 먹는 사람들이 접시로 내민 손, 자신을 닮은 바로 그 손으로 땅을 팠다는 점을 분명히 보여주려고 했다. 그 손은 손으로 하는 노동과 정직하게 노력해서 얻은 식사를 암시하고 있다.
> — 고흐가 동생 태오에게 보낸 편지 중

고흐의 말처럼 「감자 먹는 사람들」에서 가장 강조된 부분은 농부의 손이다. 고된 노동으로 거칠어지고 투박한 손이야말로 노동과 그로 인해 얻은 정직한 보상을 보여준다. 그리고 그 농부의 손에 주어진 정직한 보상은 밀로 만든 빵이나 수프도 아니다. 바로 감자다.

어디든 함께하는 왕 The King Everywhere
- 1886/182×105.5cm/캔버스에 유화
- 로버트 뮬러(Robert Müller/1859~1895/독일)
- 독일 역사 박물관(Deutsches Historisches Museum/독일 베를린)

    감자는 유럽에서 전통적으로 재배되던 작물이 아니다. 원산지는 남미 안데스 페루와 북구 볼리비아다. 1570년 에스파냐가 신항로를 개척하는 과정에서 유럽에 가져온 전리품 중 하나였다. 처음 감자를 본 사람은 울퉁불퉁하고 곰보 자국 같은 홈이 있는 감자를 좋아하지 않았다. 성경에도 기록되지 않는 작물이라는 점과 땅속에서 자란다는 사실에서 사람들은 감자를 악마의 작물이라고 불렀다.

    척박한 땅에서도 잘 자라고 번식력도 좋은 감자였지만 처음에는 유럽인들에게 천대받았다. 악마의 이미지까지 덧씌워진 감자는 돼지와 같은 가축이 먹는 사료 작물 정도로 취급받았다. 그 당시 유럽에서 밀로 만든 빵은 부유한 귀족의 음식이었고, 평민은 거친 호밀빵을 먹을 수 있으면 다행이었다. 그러니 하층 농민에게 감자는 점

아일랜드 대기근 Irish Famine
- 1850/180.3×198.1cm/캔버스에 유화
- 프레데릭 와츠(George Frederic Watts/1817~1904/영국)
- 와츠 갤러리(Watts Gallery/영국 길포드)

차 구황작물이 되어주었다. 특히 전쟁이 휩쓸고 간 자리에 모든 작물이 약탈당했어도 땅속의 감자만은 남아있었다.

감자(Solanum tuberosum)는 섬유질이 많은 작물로 식후 포만감을 준다. 비타민 B_6와 비타민C, 칼륨 등 무기질이 풍부하여 영양학적으로도 좋은 식품이다. 고지혈증, 당뇨 등 각종 성인병으로 시달리는 현대인에게도 도움을 줄 수 있는 작물이다. 이런 감자가 유럽의 식탁에 오르기까지 프랑스의 과학자 앙투안 파르망티에(Antoine-Augustin Parmentier 1737~1813)의 노력이 컸다. 그는 프로이센과의 7년 전쟁에 포로로 잡혀 있으면서 배급되는 감자를 먹어야 했다. 3년 동안 포로 생활하며 감자를 많이 먹었지만 건강하게 풀려나 프랑스로 돌아왔다. 이 경험은 감자가 식품으로서 충분한 가능성이 있다는 것을 각인시켰다. 그 후 감자를 연구하여 1772년에는 식용작물로 인정받을 수 있게 되었다. 그는 감자의 확산을 위해 유명 인사와의 만찬에 감자 요리를 올렸다. 또한 베르사유 궁전에 관상용으로 감자를 심어 그 꽃을 마리 앙투아네트의 모자 장식에 사용되도록 하였다. 1785년에 들어서는 가뭄과 흉년 대책으로 감자를 경작하도록 하였고, 1795년에는 감자로 기근의 위기를 넘길 수 있었다. 프로이센에서는 18세기 중반 프레드릭 2세(Frederick the Great, 1712~1786)가 감자를 심도록 명령했다. 또한 감자의 확산을 도모하고자 자신 역시 매일 감자를 먹었다. 그 노력으로 18세기 유럽은 감자 경작을 성공적으로 안착시켰다. 뮬러는「어디든 함께하는 왕」에서 프레드릭 대왕이 감자 수확을 직접 시찰하는 모습을 묘사하고 있다.

영국의 식민지였던 아일랜드에는 척박한 땅이 많았다. 하지만 습하고 온화한 기후라 감자 재배에 적당했다. 1800년 아일랜드는 전체 경작지의 1/3분 정도가 감자 재배지로 확대되었다. 수확한 감자 중 2/3는 사람이 먹었고, 나머지는 사료 등으로 사용했다. 점차 아일랜드 노동자의 매 끼니에는 감자가 올라왔다. 영양가 높은 감자 덕분에 1800~1845년 아일랜드의 인구는 4백만 명에서 8백만 명으로 급증하게 되었다. 하지만 이것이 그들에게 또 다른 불행의 씨앗이 되리라 생각하는 사람은 아무도 없었다.

「아일랜드 대기근」 작품 속 배경인 황량한 대지와 구름이 짙게 낀 하늘은 등장인물의 참담한 현실을 대변하는 듯하다. 작은 봇짐 하나만으로 거리로 내몰린 가족의 현실을 짐작할 수 있다. 머물 곳도 갈 곳도 없다. 아기는 엄마의 젖가슴을 파고들 힘조차 없이 아사 직전이다. 부인은 남편의 손을 잡고 의지해 보지만 절망적인 현실에서 질려버린 그녀의 얼굴에서 희망이란 찾을 수 없다. 한 집안의 가장으로 어떤 것도 할 수 없는 남편은 두 손을 불끈 쥐며 외면하고 싶은 현실에서 뛰쳐나가고 싶다는 듯 관람자를 응시한다. 타들어 가는 부모의 마음은 오죽할까? 절망과 비탄에 빠진 노인은 두 손에 얼굴을 파묻고 흐느끼고 만다.

아일랜드 대기근(Great Famine)은 1845년에 시작되었다. 감자가 물러지고 그 부위가 곰팡이로 채워졌다. 감자는 녹아내리듯 썩어갔다. 감자 역병이었다. 역병은 유럽 전역으로 퍼져나가기 시작했다. 경작 중이던 감자는 물론이고 창고에 저장하던 감자도 피해를 보았다. 곰팡이는 엄청난 수의 포자를 공기 중으로 한 번에 방출했다. 공기에서 공기로 감자 역병의 전염 속도는 너무 빨랐다. 감자밭에서 감자밭으로 마을에서 마을로 급속하게 번져 나갔다. 그다음 해인 1846년에는 남은 감자로 겨우 농사를 지었지만 이미 씨감자도 상태가 좋지 않다. 농사를 망칠 대로 망쳐 소출이 거의 없던 소작농은 중개인에게 지대를 치를 수조차 없었다. 중개인은 대지주에게 땅을 임대하여 작은 단위로 쪼개어 소작농에게 임대하는 사람이다. 대지주는 주로 영국 본토에 살고 있었기 때문에 중개인에게 농장의 관리를 위임해 놓고 있었다. 중개인은 이익을 남기기 위해 자신이 임대한 금액보다 높은 지대를 소작농에게서 받아야만 했다. 이 상황에서 중개인은 지대를 내지 못하는 소작농을 농장에서 쫓아냈다. 대지주는 자신의 이익을 위해 아일랜드의 값나가는 곡물을 영국으로 수출했다. 영국 정부는 자국에 이익이 되는 상황에서 자유방임주의를 표방하며 외면하였고, 이 상황을 타개할 조치를 내릴 생각은 없어 보였다. 오히려 하나님의 심판이라며 이 상황을 정치적으로 이용했다. 1847년에는 다행히 감자가 풍작이었다. 이에 고무된 농부들은 1848년에 감자 재배 면적을 세 배 늘렸다. 하지만 불행히도 이것은 더 큰 재앙을 불렀다. 그해 여름에는 비가 유난히도 많이 내렸다. 이는 감자 역병이 돌기에 적절한 환경을 만들었다. 네 번의 농사 중 세 번이 흉작이었다. 지칠 대로 지친 노동자는 건강 상태도 좋지 않았다. 티푸스, 이질, 괴혈병이 또다시 목숨을 앗아 갔다. 설상가상 1849년에는 콜레라까지 유행하면서 많은 사람이 죽어 나갔다. 지독한 감자 기근은 1852년까지 계속되었다.

1841년 약 817만 명이던 인구는 1851년 655만 명으로 줄었다. 1921년 아일랜드가 영국으로부터 독립하던 시기에는 인구가 반으로 줄었다. 아일랜드에 살 수 없던 사람들은 이민선에 몸을 실었다. 그나마 이민선을 탈 뱃삯이라도 있다면 축복이었다. 가난한 사람에게 가족 모두가 이민을 떠날 수 있을 정도의 돈이 있을 리가 없었다.

그렇게 수많은 가족은 생이별해야만 했다. 그나마 배에 오른 사람도 무사히 목적지에 갈 수 없었다. 이민선은 노예를 운반하던 낡은 선박을 이용했다. 열악한 위생 환경과 제한된 식량으로 그 먼 거리를 항해하며 또 많은 사람이 죽어갔다. 심지어 캐나다로 향하던 이민선을 '떠다니는 관'이라고 부를 정도였다.

이민자들의 후손은 다행히 타국에 정착했다. 미국에만 4,000만 명 정도가 아일랜드계로 추산되고 있다. 우리에게도 잘 알려진 미국의 대통령이었던 존 F. 케네디와 포드 자동차를 발명한 헨리 포드 역시 아일랜드 대기근을 피해 이민을 감행한 아일랜드인의 후손이다. 오늘날 아일랜드에는 대기근으로 죽은 이들을 추모하기 위한 박물관이 설립되어 있다. 아일랜드 전역에는 여전히 허물어진 돌담들과 폐가가 그 시대의 아픔을 증언하고 있다. 이 모든 역사의 근원에는 감자역병균(phytophthora infestans)이 있다. 눈에 보이지 않는 균은 보이지 않는 손이 되어 수많은 이들의 목숨을 좌지우지하며 인류의 역사를 움직였다.

오늘날 감자는 여전히 중요한 작물이다. 감자는 육종 기술로 개량되었고, 예전보다 훨씬 더 척박한 땅에서도 억척같이 자라는 작물이 되었다. 이제 감자는 우주여행을 꿈꾸고 있다. 영화 「마션」에서 주인공이 화성에서 경작했던 작물도 역시 감자였다. 실제 NASA와 국제감자연구소는 우주 환경에서 감자가 자랄 수 있는지 실험을 진행하여, 그 가능성을 타진했다. 안데스산맥에서 전 세계로 퍼진 감자는 이제 우주로 나갈 준비를 하고 있다. 먼 미래 감자가 또다시 우주 대기근으로 이어질지 모른다. 생명체가 존재하는 곳에는 항상 보이지 않는 손이 있기 때문이다.

런던 의사당 일몰 London, Houses of Parliament. Sunset

예술가 클로드 모네(Claude Monet/1840~1926)
국적 프랑스
제작 시기 1904년
크기 81.5×92.5cm
재료 캔버스에 유화
소장처 오르세 미술관(Musée d'Orsay/프랑스 파리)

7   새로운 위협에 직면하다

에어포칼립스(airpocalypse)는 2013년 중국에서 처음 사용되었다. 특히 베이징에 거주하는 사람들이 공중에 떠 있는 스모그 입자가 세계보건기구(WHO) 권장 한도의 35배에 달했을 때, 노출된 스모그의 독성 수준을 설명에 사용했다. 대규모 오염이 현실이 됨에 따라 점차 이 용어를 남아프리카의 대기를 설명하는 데 사용하기 시작했다.
- 그린피스(Greenpeace)

클로드 모네를 들어보지 못한 현대인은 거의 없을 듯하다. 모네는 인상주의의 창시자다. 르아브르 항구에서 해가 떠오르기를 기다렸다가 해돋이 순간 느낀 인상을 짧고 빠른 붓질로 그린 1872년 작 「인상, 해돋이(Impression, Sunrise)」는 너무나 유명한 작품이다. 인상주의라는 용어도 그리다 그만둔 듯한 모네의 작품을 미술평론가 루이 르로이가 「르 샤리바리(Le Charivari)」지에 조롱하듯 쓴 글에 등장하면서 사용된 용어다.

나는 다만 우주가 나에게 보여주는 것을 보고 그것을 붓으로 증명하고 싶었을 뿐이다.
- 클로드 모네

기차역 생 라자르 La Gare Saint-Lazare
- 1877/75×105cm/캔버스에 유화
- 모네(Claude Monet/1840~1926)
- 오르세 미술관(Musée d'Orsay/프랑스 파리)

    모네는 기억 속에 고정된 세상을 그리지 않았다. 그에게 '빛은 곧 색채'였다. 시시각각 빛의 변화로 유발되는 색채의 변화를 빠르게 화폭에 담았다. 심지어 작품을 그리면서 여러 장의 캔버스를 늘어놓고, 태양이 구름 속을 드나들며 변화하는 빛의 양에 따라 달라지는 사물의 색채를 순간적으로 표현하기 위해 여러 캔버스를 오가며 그림을 그렸다. 이런 이유로 모네는 작품을 주로 야외에서 그릴 수밖에 없었다. 「건초더미」 연작, 「포플러」 연작, 「루앙 대성당」 연작, 「런던 템스강」 연작, 「수련」 연작, 「생 라자르 기차역」 연작과 같이 연작이 많은 것도 그의 이런 작품 활동 방식 때문이다.

    1877년 작 「기차역 생 라자르」는 모네가 증기 기관차에서 뿜어 나오는 연기가 빛과 어우러지면서 나타나는 색의 다양한 변화에 감명을 받아 그린 작품이다. 기차 역사를 드나드는 기차의 모습은 빛에 의한 색채의 변화를 연구하던 모네에게는 빛과 색의 판타지로 떠나는 여행같은 느낌을 주었을 것이다. 역사 안의 어두운 내부와 밝은 외부 그리고 그 공간을 오가는 기차에서 뿜어나오는 연기는 기차가 있는 위치에 따라 다양한 색으로 표현되었다. 배경 건물도 강렬한 태양 빛을 받으며 과장이나 축소 없이 그 당시의 모네가 관찰하고 느낀 모습 그대로를 표현하였다.

비평을 넘어 비난과 멸시의 대상이기도 하였던 인상주의 작품은 시간이 지나면서 대중으로부터 많은 사랑을 받게 되었다. 부와 명성을 함께 얻게 된 모네는 수많은 색채로 넘쳐나는 자신만의 아틀리에를 만들고 싶었다. 프랑스 시골 마을 지베르니(Giverny)에 넓은 농가를 사들여 일본식 정원을 꾸몄다. 그 정원은 형형색색의 꽃과 나무로 넘쳤고, 다리가 놓인 연못에는 수련이 반짝이는 수면 위를 넘실거렸다. 모네의 여러 작품이 이 정원에서 탄생했다. 수많은 이야기를 가진 아름다운 지베르니 정원은 그의 명성과 더불어 지금도 많은 관람객이 방문하고 싶어 하는 유명 관광명소가 되었다.

모네라는 이름을 들으면 가장 먼저 떠오르는 대표작이 있다. 바로 '수련'이다. 수련 연작은 모네가 자신의 모든 것을 바친 작품이다. 수련을 그리려면 수면 위를 지속해서 응시해야만 했다. 강렬한 태양 빛은 거울처럼 반짝이는 수면에 반사되어 눈으로 직접 들어왔다. 섬세한 관찰을 위해 응시하면 할수록 더 많은 태양 빛이 눈으로 들어왔다. 태양 빛의 강한 에너지를 가진 자외선은 결국 모네의 눈을 점점 병들게 했다. 노년기 모네는 심각한 백내장과 싸워야 했다. 86세로 사망하기 3년 전인 1923년에는 두 차례 백내장 수술을 받을 수밖에 없었다.

아이러니하게도 어떤 과학자는 모네의 독창적인 수련 연작이 그

수련 Water Lilies
- 1917~1919 / 100×200cm / 캔버스에 유화
- 모네(Claude Monet, 1840~1926)
- 호놀룰루 미술관(Honolulu Museum of Art/미국 하와이)

의 백내장 덕분에 탄생한 것이라 주장한다. 2006년 미국의 의학 잡지 「안과학 아카이브」에는 미국 스탠포드대학 마이클 마모 박사(Michael F. Marmor, MD)의 '안과학과 미술: 모네의 백내장과 드가의 망막 질환의 시뮬레이션(Ophthalmology and Art: Simulation of Monet's Cataracts and Degas' Retinal Disease)'이라는 제목의 보고서가 실렸다. 실제 장면과 모네의 작품에서 나타나는 표현상의 변화를 분석하여 그의 독창적인 화풍이 백내장과 관련성이 높음을 밝혔다. 백내장 환자는 정상인과 달리 상이 흐릿하고 황색 계열은 선명해지는 반면 녹색 계통은 어둡고 둔탁해진다. 모네의 작품 속에서도 그런 경향성을 뚜렷이 찾아볼 수 있다는 주장이다. 모네의 백내장 증세가 악화되면서 선명하고 밝게 표현한 정원의 풍경은 흐릿하고 둔탁해졌고, 산뜻하고 밝은 색상은 무거운 갈색과 붉고 노란 풍경으로 변했다.

「장미 정원에서 본 집(The House Seen from the Rose Garden)」 연작은 모네가 정원에서 자신의 집을 바라보며 그린 작품이다. 빨간색과 노

장미 정원에서 본 집 연작 The House Seen from the Rose Garden
▶ 1922~1924/좌 92×81cm, 우 ?cm/캔버스에 유화
▶ 마르코탕 모네 미술관(Musée Marmottan Monet/프랑스 파리)

란색이 강한 왼쪽의 작품은 왼쪽 눈으로 본 풍경을 그린 작품이다. 백내장이 있는 눈에서 보이는 특성이 잘 드러난다. 오른쪽의 그림은 수술로 수정체가 제거된 오른쪽 눈으로 보며 그린 작품인데, 푸른색과 보라색이 주를 이룬다.

물리학적으로 세상에는 색이 존재하지 않는다. 다만 빛의 파장이 존재한다. 빛은 눈에 파장으로 들어와 원추 세포에 흡수된다. 원추 세포는 적색, 녹색, 청색을 잘 흡수한다. 시신경은 이 정보를 색과는 무관한 활동전위라는 전기 신호로 뇌로 전달한다. 뇌에는 색과 형태에 대한 정보가 들어 있다. 뇌는 이 정보를 종합적으로 판단해 색을 가진 물체를 인식한다. 빛이 흡수되고 정보가 신경으로 전달된 후 뇌에서 처리하는 과정 중 어느 한 군데만 이상이 있어도 정확한 색을 인식할 수 없다. 예를 들어 적록 색맹인 사람은 적색과 녹색 원추 세포의 부족으로 빛을 모두 흡수하지 못한다. 그 결과 적색과 녹색을 제대로 구분할 수 없게 된다. 또 눈과 시신경은 정상이어도 뇌가 손상되면 세상은 다르게 보인다. 또 눈의 이상으로 전혀 앞을 볼 수 없는 사람에게 뇌 임플란트(Brain Implant)라는 새로운 기술을 이용해 뇌에 칩을 끼우고 카메라로 이를 연결하면 앞을 보게 할 수도 있다.

모네는 1899년에서 1901년 사이 런던을 세 차례 방문했고, 런던의 풍경을 담은 작품을 많이 남겼다. 이 작품들은 안개로 둘러싸인 런던을 중심으로 세 가지 전망을 그렸다. 2개는 사보이호텔(Savoy Hotel)에서 보이는 남쪽 전망이다. 나머지 하나는 세인트토마스병원(St Thomas' Hospital)에서 보이는 서쪽 전망인데, 바로 영국 의회를 바라보는 전망이다. 영국 방문 중 모네는 총 95편의 작품을 그린 것으

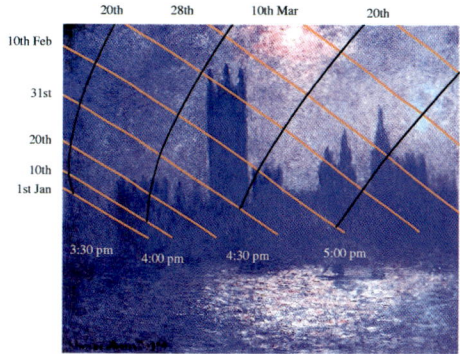

▶ 「Solar position within Monet's Houses of Parliament(2006)」에서 제시한 모네의 작품과 태양의 위치 분석 자료 © 2006 The Royal Society

로 추정된다. 하지만 1899년과 1901년으로 제작 연대가 기록된 작품은 12개뿐이다. 1902년과 1905년 사이에는 총 61개의 그림이 있고, 나머지 22개는 제작 연대가 없다. 모네가 자신의 작품을 완성하거나 판매했을 때, 런던에서 돌아와 지베르니에 있는 동안 제자 연대를 매겼을 것으로 추정한다.

모네 작품은 항상 관찰이 중심에 있다. 이런 점에서 「런던, 국회의사당」은 1900년 전후 런던의 대기 상황에 대한 최초 색채 기록이다. 과학자들은 이 점에 주목했다. 버밍엄대학(University of Birmingham) 지구환경과학부의 제이콥 베이커(Jacob Baker)와 그의 동료인 존 손즈(John Thornes)는 모네의 회화 9점으로 모네가 관찰할 당시 태양의 위치를 분석했다. 미국 해군 관측소의 천문학 자료와 아내와의 편지 내용을 토대로 모네가 1900년 2월 14일에서 3월 24일 사이 오후에 그렸다고 추정했다. 태양의 고도와 강에 비친 빛을 분석하여 장소까지 특정할 수 있었는데, 세인트토마스병원의 2층 테라스였다. 연구 결과로 연구자들은 그림이 빅토리아 시대의 도시 분위기를 정확히 알려 주는 시각적 기록임을 확신했다. 1900년 전후 런던의 대기는 작품에서 볼 수 있듯이 우리가 생각하는 것보다 매우 심각하게 오염되어 있었다.

대기오염은 인류가 불을 다루면서 시작되었다. 불을 사용하기 시작한 인류는 땔감으로 목재를 주로 사용했을 것이다. 당시 대기오염은 동굴 내부로 들어온 눈이 따가운 매연과 타고 남은 재가 날리는 정도였을 것이다. 인류가 대기오염이라는 문제에 직면하게 된 결정적 원인은 땔감으로 석탄을 사용하면서다. 영국 에드워드 2세 재위(1307~1327) 동안 석탄 사용으로 인해 발생한 냄새 때문에 처벌한다는 기록도 등장한다. 그 후 석탄의 사용량은 산업혁명과 맞물리면서 지속적으로 증가했다. 19세기는 석탄·철강·화학공업 등의 산업이 전반적으로 성장하는 한편, 가정에서도 난방과 주방용 석탄 소비량이 급증했다. 그 결과 도시는 지독한 매연으로 덮이게 되었다. 하지만 빅토리아 시대의 시민들은 도시의 짙은 안개를 런던이 가진 산업적 성공과 부로 생각했다. 대기질과 건강에 미칠 영향에 대해서는 간과했다.

안개와 연기가 사람의 생명에 치명적일 수 있다는 사실을 깨닫게 한 사건이 1952년 12월 4일 런던에서 일어났다. 그날은 기온이 뚝 떨어져 매우 추웠다. 강한 고기압으로 바람은 한 점도 없었다. 런던 시민은 가정마다 난방을 위해 석탄을 태웠다. 런던의 밀집된 건물 위 굴뚝에서도 검은 연기가 피어오르기 시작했다. 검은 연기는 도시의 속살로 배어들었다. 이미 런던의 거리는 늘 차량, 발전소, 공장에서 연일 발생하는 매연이 들어차 있었다. 매연은 도시 깊은 곳까지 차곡차곡 쌓여갔다. 다음 날 아침 런던은 늘 그렇듯 안개가 피어올랐다. 매연(Smoke)은 안개(Fog)를 만나 스모그(Smog)가 되었다. 그

제임스 와트와 증기기관: 19세기의 여명 James Watt and the Steam Engine: the Dawn of the Nineteenth Century
- 1855 / 147.3×238.7cm / 캔버스에 유화
- 에크 로더(James Eckford Lauder / 1811~1869)
- 스코틀랜드 국립 갤러리(Scottish / 영국 스코틀랜드)

 당시 발생한 스모그는 철도도 부식시킬 수 있는 pH 2의 강산이었다. 한낮에도 짙은 스모그로 거리에는 가로등을 켜야 했고, 차량도 전조등을 켜고 운행했다.

 도시는 앞을 잘 볼 수 없을 정도였다. 시민들은 호흡 곤란을 호소하기 시작했고, 여기저기 쓰러졌다. 병원은 몰려드는 응급 환자로 병실을 감당할 수 없을 정도로 이미 아수라장이 되었다. 런던의 의료 시스템이 붕괴한 것이다. 12월 5일 하루 만에 4,000여 명의 사망자가 나왔고, 1주일간 약 1만 2천 명의 사망자가 발생했다. 이 사건은 런던 대 스모그(Great Smog of London)라고 기록되었다.

 20세기 대기질은 온 국민의 관심사다. 엄청난 인구를 자랑하는 중국과 인도 등은 급속한 경제 발전을 위해 석유뿐 아니라 값싼 석탄도 대량 소비하고 있다. 이제 생태계가 감당할 수 없는 정도의 오염물질이 발생하고 있다. 그중 초미세먼지는 폐로 혈액에까지 침투하여 암, 뇌종양, 태아의 발생 과정 저해 등으로 인류를 위협하고 있다. 또한 화석연료에서 발생한 이산화탄소의 증가는 지구의 평균 기온을 상승시킨다. 대기오염으로 인한 인류의 종말을 일컫는 에어포칼립스(공기(Air)+종말(Apocalypse))라는 용어도 등장했다.

2020년 코로나19로 사람의 활동이 멈춰서면서 인도 북부에서는 200Km나 떨어진 히말라야를 볼 수 있었고, 세계 각지에서 자취를 감췄던 숱한 동물이 모습을 드러냈다. 잠시나마 인간의 문명 활동이 자연에 어떤 영향을 끼치고 있었는지 확인할 수 있었다. 과학자들은 우리가 지구를 살릴 수 있는 시간이 얼마 남지 않았다고 경고한다. 2015년 UN기후변화회의에서는 지구 평균 온도 상승 폭을 산업화 이전보다 2°C 이하로 유지하고, 지구 온도 상승 폭을 1.5°C 이하로 낮추기 위한 국제 협약인 파리협정을 채택했다. 이 협정으로 국제 사회는 온실가스 배출에 대해 다양한 노력을 기울이고 있다. 스위스, 영국, 핀란드, 노르웨이와 같은 나라는 탄소 순 배출량을 0으로 줄인다는 탄소 중립국을 선언하기도 했고, 전 세계적으로 2040년까지 석탄 발전을 퇴출할 것이다. 2020년 미국은 이 협약에서 탈퇴했다. 하지만 이 협약은 많은 나라가 지지하고 있으며, 여전히 사회 문화 전반의 변화를 가속화하고 있다. 가장 눈에 두드러지는 변화 중 하나는 전기차의 대중화다. 많은 국가에서 온실가스를 배출하는 내연기관의 생산과 판매 그리고 등록 중단 일정을 발표하고 있다.

에크 로더의 작품 「19세기의 여명」 속 제임스 와트는 미래의 희망이 될 증기기관을 연구하고 있다. 작품 속 실험용 증기기관 장치의 불꽃은 마치 인간의 심장처럼 느껴진다. 제임스 와트가 바라보는 증기기관 장치는 인류 역사를 바꾸어 놓을 산업혁명의 꽃이 될 것이다. 하지만 모든 기술이 그렇듯 인류의 삶에 긍정적 영향만 주지는 않았다. 이제 인류는 환경을 보호하고 지구와 공존하기 위한 새로운 불꽃을 준비하고 있다. 바로 인공태양이다. 인공태양은 핵융합으로 에너지를 생산하여 오염물질을 발생하지 않는다. 그야말로 꿈의 에너지원이다. 우리나라 대전에 있는 한국핵융합에너지연구원(KFE)의 KSTAR는 이제 핵융합 발전이라는 새로운 시대를 열어줄 불꽃이 되고 있다.

3

생명을 지키다

멜랑꼴리아 1 Melancholia I

예술가 알브레히트 뒤러(Albrecht Dürer/1471~1528)
국적 독일
제작 시기 1514년
크기 23.8×18.5cm
재료 동판화
소장처 미니애폴리스 미술관(Minneapolis Institute of Art/미국 미네소타)

1 검은 개를 이기다

달리고 또 달리다 보면 맨발에 달라붙는 진흙 같은
잡념 따위 바람 앞에 검불로 흩어지고
걸핏하면 찾아와 몸과 마음 물어뜯던
까닭 없고 대상 없던 우울과 초조,
울분이며 분노 따위 햇살 만난 눈처럼 사라지겠지
- 이재무, 「푸른 늑대를 찾아서」 중

북유럽의 르네상스 전성기를 이끈 뒤러는 목판화뿐 아니라 동판화에도 뛰어났다. 「멜랑콜리아 I」은 그의 대표적 동판화다. 에칭으로 만들어지는 동판화는 목판화보다 더욱 정교하게 표현할 수 있다. 작품에 담을 요소가 많은 경우 동판화가 더욱 효과적이다. 이 작품에 사용된 요소를 찾는 것은 마치 숨은그림찾기 같다.

- 숨은그림 -
톱, 못, 집게, 자, 맷돌, 모래시계, 망치, 열쇠, 종, 집게, 책, 나침판, 주사기, 도가니, 화로, 향로 뒤러는 팔방미인이었다. 수학, 과학 등 다양한 분야에 관심이 많았다. 그는 북유럽의 다빈치다. 그런 이유에서인지 작품 속에 비밀이 숨겨져 있다는 다빈치 코드처럼 이른바 뒤러 코드도 있다. 「멜랑콜리아 I」에도 쉽게 찾을 수 없는 다양한 비밀이 숨겨져 있다. 우선 쥐의 얼굴과 뱀의 꼬리를 가진 박쥐가 날개를 펼쳐 「Melencolia I」이라는 작품명을 보여주고 있다. 여기에서 'I'이 정확히 무엇을 의미하는지도 여러 가설이 있다. 연작의 첫 번째 작품일 수도 있고, 철학자이자 의사인 코넬리우스 아그리파(Cornelius Agrippa, 1486~1535)가 정의한 우울증의 3가지 중 첫 번째 유형을 언급할 수도 있고, 연금술 과정에서 첫 단계인 니그레도(Nigredo, 부패 혹은 분해, 심리학적으로 영혼의 어두운 밤)의 표현일 수도 있다.

「멜랑콜리아 I」에는 천사와 아기 천사인 푸토(Putto)가 등장한다. 날개 달린 천사는 화관을 쓰고 있다. 눈빛은 강렬하다. 한 손으로 턱을 괴고, 다른 손으로 컴퍼스의 한쪽 끝을 느슨하게 잡고 있다. 오른 무릎에는 덮힌 책이 있고, 왼쪽 무릎에는 무언가를 그릴 도판이 놓여 있다. 화려한 허리띠에는 열쇠 꾸러미가 늘어져 있다. 천사의 발 주변에는 다양한 물건이 흩어져 있다. 중성적 매력을 가진 이 천사는 우울 또는 기하학의 표상이다.

맷돌 위에 심각한 표정을 한 푸토는 뷰린(Burin, 조각에 사용되는 도구)으로 도판에 무언가를 새기고 있다. 두 천사의 주변에는 자연의 질서를 찾기 위해 사용되는 기하학적 도구들이 있다. 충성스러운 개는 앙상하게 뼈를 드러낸 채 주인과 고난의 행군에 동참한 듯하다.

천사의 뒤쪽 건물 한쪽 벽에는 4×4 마방진이 새겨져 있다. 마방진의 가로, 세로, 대각선의 합은 모두 34가 된다. 아랫줄 가운데 두

칸에 적힌 15와 14는 작품이 완성된 1514년을 의미한다. 마방진 속 16개의 수를 모두 더하면 합은 136이다. 알파벳 순서를 수로 연관 지으면 재미있는 뒤러 코드를 발견할 수 있다. 1, 2, 3, 4를 A, B, C, D로 각각 일대일로 대응하면, 우선 제작 연도 양옆의 1, 4는 A, D가 된다. 즉 제작 연도가 AD 1514라고 해석할 수 있다. 또한 전체 합인 136은 Albrecht Dvrer (뒤러 본인이 쓴 이름 표기)(1 + 12 + 2 + 18 + 5 + 3 + 8 + 20) + (4 + 22 + 18 + 5 + 18)에 해당한다. 작품명 속 I은 독일어로 아인스 (Eins)다. 「Melencolia I」을 같은 방법으로 수로 변환하여 합산하면 136이 된다. 마치 자연이 규칙적인 수학적 질서로 되어 있다는 것을 보여주기라도 하는 듯하다.

마방진은 영어로 'magic square'고, 한자를 풀이하면 마술적인 힘을 가진 숫자 배열이다. 마방진은 수의 규칙과 조화를 사용해 신비로움을 준다. 그런 이유로 마방진은 주술에 사용되었다. 마방진의 유례도 황하의 범람을 막기 위한 치수공사를 하던 중 등껍질에 독특한 무늬를 가진 거북이를 발견하면서 시작되었다. 왕은 이 무늬를 관찰하여 3×3 칸에 적어 넣었다. 그때 합이 모두 같다는 사실을 알게 되었고, 이를 활용해 둑을 튼튼하게 쌓는 방법을 알아낼 수 있었다. 15세기 이후 유럽에서는 마방진이 점성술로 활용되었다. 3×3 마방진의 합 15는 토성, 4×4 마방진의 합 34는 목성, 5×5 마방진 합 65는 화성, 7×7 마방진의 합 175는 금성이다. 즉 작품의 마방진은 목성이다.

▶ 목성을 나타내는 4×4의 마방진

「Melencolia I」 뒤의 빛은 토성 혹은 혜성으로 해석된다. 박쥐, 마른 개, 열쇠, 지갑은 모두 우울을 나타내는 표상이다. 목성은 이런 우울을 이길 부적이다.

그리스 문화는 중세 의학을 거쳐 현대까지 많은 영향을 주었다. 그중 하나가 '4체액설'이다. 이는 고대 그리스 철학자 엠페도클레스(BC 493~430)의 우주는 4개의 기본 원소인 물, 불, 공기, 흙으로 이루어졌다는 '4원소설'을 기반으로 한다. 히포크라테스(BC 460~370)는 이를 의학에 적용하였다. 각 원소는 뜨거움, 건조함, 차가움, 축축함의 속성이 있다. 이는 각각 사람의 간, 뇌, 심장, 비장에서 생성되는 노란 담즙, 점액, 혈액, 검은 담즙과 관련 있다고 설명한다. 4체액설은 히포크라테스, 아리스토텔레스, 갈레노스를 거치며 중세 의학의 중심 이론이 되었다. 의사는 병의 발생 원인을 체액의 균형이 깨진 것으로 설명했다. 기독교가 지배하던 시기에 병이란 신의 노여움 혹은 악마가 들어와 생긴다는 가설이 아닌 의사의 치료 가능성을 열어 주었다. 의사는 몸의 균형을 맞추려는 처방을 할 수 있었고, 이는 곧 의학의 발전으로 이어졌다.

중세 의사는 체액 조절 방법으로 사혈, 흡혈, 배설, 관장, 설사, 구토, 재채기, 발한, 이뇨를 사용했다. 「오줌을 검사하는 의사」에서는 의사가 환자의 오줌을 불빛에 비춰보고 있다. 단순해 보이는 이 방법도 결국 의사가 자신의 다양한 감각을 사용해 환자를 진단하는 방법이다. 현대에도 오줌의 색과 냄새는 환자의 건강을 확인하는 중요 수단이 되고 있다.

4체액설을 이용한 치료 방법에는 위험해 보이는 방혈도 있다. 말 그대로 몸에서 피를 빼는 방법이다. 혈액량이 많아지면 뚱뚱해

오줌을 검사하는 의사 A Doctor Examining Urine
▶ 17세기 초/72×99cm/캔버스에 오일
▶ 트로핌 비고(Trophime Bigot/1579~1650/프랑스)
▶ 애슈몰린 박물관(Ashmolean Museum/영국 옥스퍼드)

지고, 성격이 급한 다혈질 환자는 몸속의 나쁜 피가 원인이다. 이를 치료하려면 이런 피를 빼내야 한다. 의사는 팔꿈치 안쪽인 팔오금에서 정맥을 잘라 0.5~2.0 리터 정도의 피를 뽑았다. 의외로 이 치료 방법은 선풍적 인기를 얻었다. 건강한 사람도 건강관리를 위해 주기적으로 피를 뽑았다. 에그베르트 반 헴스케르크(Egbert van Heemskerck)의 작품 「이발소-외과 숍의 야곱 프란츠와 그의 가족」에서 방혈 시술 장면을 엿볼 수 있다. 작품 속 방혈 치료를 하는 사람이 야곱 프란츠, 치료받는 사람은 프란츠의 형제, 피를 받는 아이는 그의 아들, 앞쪽의 부인과 아이는 가족이다. 시술 장면 뒤에는 면도하는 조수도 있다. 잘 정돈된 내부 모습이지만 정맥을 자르는 시술을 할 장소로는 조금 위험하다. 실제 중세에는 정맥을 자르는 과정에서 주변 신경이 손상을 받거나 상처 주변을 잘 소독하지 않아 감염이 일어나 후유증으로 고생하는 환자도 있었다.

이발소-외과 숍의 야콥 프란츤과 그의 가족 Jacob Franszn and family in his barber-surgeon shop
- 1669/70×59cm/캔버스에 유화
- 에그버트 반 헴스커크(Egbert van Heemskerk/1634/1635~1704)
- 암스테르담 박물관(Amsterdam Museum/네덜란드 암스테르담)

연애병에 걸린 여성을 방문한 의사 Doctor visiting a love-sick woman
- 1650/45.7×38.1cm/패널에 유화
- 얀 스텐(Jan Havicksz. Steen/1626~1679/네덜란드)
- 개인소장

흡혈 처방에는 가끔 거머리도 사용했다. 요즘 도시에 살고 있는 사람은 경험하기 힘들겠지만, 농부는 거머리에게 늘 자신의 피를 헌납하고 있다. 논이나 도랑 등 물이 있는 곳이면 거머리 천국이다. 논에서 모내기할 때 거머리에 물린 사람보다 옆 사람이 거머리를 발견하는 경우가 많다. 그만큼 거머리의 흡혈은 전혀 아프지 않다. 거머리 입은 피를 빨기에 최적화되어 있다. 이빨은 면도날처럼 매우 날카롭다. 또 입에서 히루딘이라는 항응고제를 분비해서 피가 응고되는 것을 막고, 흡혈 부위를 마취한다. 굶주린 거머리는 한 번에 엄청난 양의 피를 빨 수 있다. 이는 현대 의학에도 활용된다. 거머리는 상처로 생긴 조직의 혈액을 제거할 수 있다. 그 결과 환자의 모세

혈관이 재생되어 조직이 살아난다. 거머리를 활용한 치료는 손가락 절단의 접합 수술, 관절염, 염증 치료, 축농증, 여드름 치료 등 다양하다. 거머리는 2004년 의료기기로 미국 FDA의 승인을 받았다.

스텐의 작품 「연애병에 걸린 여성을 방문한 의사」에서는 또 다른 치료 방법을 볼 수 있다. 부끄러운 듯 얼굴이 붉어진 통통한 젊은 여인이 침대에 누워있다. 방문한 의사는 그다지 품위 있어 보이지는 않는다. 조수는 관장 주사기(Clyster)를 의사에게 건네고 있다. 그 뒤를 따르는 여성의 손에는 세숫대야가 보인다. 침대 아래 있는 개의 앞에도 항아리가 놓여 있다. 곧 시술이 시행될 것이다. 의사는 관장기로 항문으로 직접 약물을 넣을 것이다. 사용되는 약물은 장을 넓히고, 부드럽게 만들어 장운동을 증가시킨다. 이를 연하제라고 한다. 초창기 천연 완하제로는 섬유질이 많은 음식, 피마자 기름, 식염수와 비슷한 소금물 등이 있었다. 관장은 고기를 많이 먹던 상류층의 일반적 치료법이었다. 상류층 사람은 건강관리를 위해 정기적으로 관장을 받았다.

멜랑콜리아(Melencolia)는 고대 그리스어 melas(검은)+kholé(담즙)에서 유래된 용어다. 담즙이 우세한 사람은 자극에 둔하고 격분하는 일이 적다. 활발하지는 않지만 일단 일을 시작하면 강한 의지와 인내로 끝을 본다. 중세 의사는 우울증은 검은 담즙이 많아져 생긴 병이라고 진단했다. 중세 시대 멜랑콜리는 '태만, 음울함, 졸음'과 같은 부정적인 용어였다. 하지만 르네상스 시대에 이르러 "지적인 관조, 지성과 사색"으로 바뀌게 된다. 15세기 이탈리아 철학자 마르실리오 피치노(Marsilio Ficino, 1433~1499)는 "우울질 없이는 창조적 상상력을 기대할 수 없고 모든 창조는 이것으로부터 연유한다."고 주장했

겨울 햇빛, 차트웰 Winter Sunshine, Chartwell
- 1924~1925/35.5×51cm/판지에 유화
- 윈스턴 처칠(Winston Churchill/1874~1965/영국)
- 차트웰(National Trust, Chartwell/영국)

다. 「멜랑콜리아Ⅰ」작품이 만들어지던 시기에는 광기 어린 천재의 특성으로 이해되고 있었다. 실제 많은 천재가 우울증으로 고생한 기록이 있다. 모차르트, 베토벤, 고갱, 고흐, 어니스트 헤밍웨이, 마트 트웨인 등도 우울증 속에서 명작을 만든 천재 예술가다.

윈스턴 처칠(Sir Winston Leonard Spencer-Churchill)은 1차세계대전 당시 해군 장관이었다. 처칠은 석탄 대신 석유를 사용하는 군함 개발 등 다양한 국방개혁을 이끌었다. 하지만 독일이 잠수함을 개발하면서 해군력의 균형추가 옮겨갔다. 또 서부전선의 고착 상태를 타개하기 위한 갈리폴리 전투에서 작전 실패로 영국군은 많은 인명과 재산 피해를 입었다. 이에 대한 책임으로 물러난 처칠은 심한 우울증에 시달렸다. 늘 자살 충동에 시달렸다. 그는 유명한 '블랙 독(Black Dog)' 우울증을 앓았다. 결국 처칠은 병 치료를 위해 시골로 내려갔다. 블랙 독은 처칠이 평생 안고 살았던 지독한 우울증을 그렇게 부른 데서 유래했다. 이 용어는 우울증을 의미하는 일반적인 단어로 자리 잡았다.

은둔 생활을 하던 처칠은 가끔 그림을 그렸다. 처칠의 그림을 본 처제는 전문적 작가 활동을 권유했고, 자신도 우울증을 이길 목적으로 본격적인 작품 활동에 몰두했다. 1921년 그는 이미 사망한 화가 '찰스 모린'의 이름으로 작품을 출품하기 시작하였고, 4년 뒤엔 영국 런던에서 열린 아마추어 미술 전시회에서 찰스 모린의 이름으로 1위를 차지했다. 1947년에는 데이비드 윈트라는 가명으로 「겨울 햇빛, 차트웰(Winter Sunshine, Chartwell)」을 왕립예술아카데미에 출품해 정식 회원이 되었다. 누구나 아는 세계적 인물인 처칠은 공정한 평가를 위해 자신의 이름을 사용할 수 없었다. 처칠은 1922년 런던에서 2.5km 정도 떨어진 남쪽 켄트지역 웨스트햄에 있는 차트웰(Chartwell) 별장을 사들였다. 그리고 은퇴 후 그곳에 머물며 죽기 전까지 계속 그림을 그렸다. 처칠은 작품 활동을 매우 좋아했다. 죽어서도 100만 년은 더 그림을 그리고 싶다고 할 정도의 의욕도 있었다. 또 자신의 장수 비결로 작품 활동을 꼽기도 했다. 그에게는 독특한 이력이 하나 더 있다. 바로 노벨 문학상 수상자라는 점이다. 1953년 노벨 문학상의 유력 후보는 헤밍웨이였다. 의외의 수상이었다. 스웨덴 한림원은 선정 이유를 "역사적이고 전기적인 글에서 보인 탁월한 묘사와 고양된 인간의 가치를 옹호하는 빼어난 웅변술" 때문이라고 밝혔다. 사실 처칠은 명언으로 유명하다. 그 짧은 말속에 통찰과 지혜가 들어있다. 그는 분명 멜랑콜리아다.

　독일의 히틀러도 꿈이 화가였다. 그도 작품을 여럿 남겼다. 그가 죽고 난 후 작품은 경매장으로 흘러들었다. 결국 2차세계대전의 앙숙이 경매장에서 다시 만나게 되었다. 경매 결과 처칠의 작품은 히틀러의 작품보다 10배가 넘는 수준으로 거래되었다. 처칠의 작품은 예상 경매가를 항상 넘겼지만, 히틀러의 작품은 항상 예상가에 미치지 않았다. 히틀러의 그림은 대체로 작품성이 떨어진다는 평을 받는다. 하지만 처칠의 작품은 피카소조차 '처칠은 그림만 그려도 넉넉하게 살았을 것'으로 평가받았다고 전해진다.

　우울증은 남성보다 여성에게서 잘 발병한다. 또한 재난 현장에서 근무해야 하는 소방관은 일반인보다 우울증에 잘 걸린다. 우울증은 극단적 선택으로 이어질 수 있는 위험한 병이다. 우리나라는 특히 자살률이 매우 높은 국가다. 우울증은 발생 원인도 다양하다. 뇌에서 분비되는 세로토닌 감소 같은 유전적 요인과 스트레스 같은 환경적 요인이 모두 발병 원인이 될 수 있다. 특히 유전자의 발현이 환경에 영향받을 수 있다는 후생 유전학의 등장으로 우울증 원인의 분석도 통합적 연구가 진행되고 있다. 현재까지 우울증에 대한 확실한 치료법은 없다. 우울증 환자의 대부분은 자신의 상태를 감추고 혼자 이겨내려 노력한다. 하지만 우울증은 혼자 이겨내기 쉽지 않다. 가족, 사회 그리고 국가가 모두 우울증의 극복에 함께 노력해야 한다.

라사리요 데 토르메스의 삶 El Lazarillo de Tormes

예술가 프란시스코 고야(Francisco José de Goya y Lucientes /1746~1828)
국적 스페인
제작 시기 1808~1812년
크기 80×65cm
재료 캔버스에 유화
소장처 개인소장

2　아이를 지키다

> 그는 상태가 좋아 보였지만 하루하루 목소리가 음산한 콧소리로 변해 가면서 디프테리아에 걸린 사람이 살아남는 경우가 아주 드물다는 사실을 우리에게 상기시켜주었다.…… 점점 더 콧소리가 심해지는 것 외에도 음식물을 전혀 삼키지 못했다. 뭔가 목에 걸린 듯, 약간의 음식만 삼켜도 목이 막히려고 했다. 나는 앞쪽 막사에 환자로 남아있는 헝가리인 의사를 찾아갔다. 그는 디프테리아라는 말을 듣자 내게서 몇 발짝 물러섰고, 나에게 나가라고 명령했다.
>
> - 『이것이 인간인가』(If This Is a Man, 프리모 레비) 중

1554년 최초의 스페인 사실주의 소설로 알려진 『라사리요 데 토르메스의 삶, 그의 행운과 불운(La Vida de Lazarillo de Tormes y de sus fortunas y adversidades)』이 발간되었다. 소설 속 주인공 라사리요는 앞을 못 보는 주인의 시중을 드는 하인이다. 어느 날 주인의 저녁 식사를 준비하고 있었다. 가난했기에 늘 배가 고팠던 라사리요는 그날 점심도 변변치 못했다. 주인의 저녁 식탁에는 빵과 소시지가 올라갈 예정이었다. 허기로 사리 분별조차 불가능한 그의 뇌는 강한 향기를 풍기며 지글지글 구워지는 소시지로 가득 찼다. 잘 익은 소시

▶ 『라사리요 데 토르메스의 삶, 그의 행운과 불운(La Vida de Lazarillo de Tormes y de sus fortunas y adversidades)』 1554, 표지

지의 향과 색은 참을 수 없는 강렬한 유혹이었다. 결국 이성적 판단이 흐려진 그의 뇌는 소시지를 덥석 움켜쥐고 입속으로 집어넣으라고 명령했다. 정신이 돌아왔을 때는 이미 소시지가 자신의 뱃속으로 사라진 후였다.

어린 하인은 상황을 모면할 묘책이 필요했다. 둥글고 긴 소시지를 닮은 무언가가 필요했다. "그래 바로 이거야!" 그의 눈을 사로잡은 것은 순무였다. 소시지 모양과 비슷한 순무를 빵 사이에 넣고, 저녁 식사를 주인의 식탁에 올렸다. 하지만 주인은 앞을 못 보는 대신 후각과 미각은 남달리 발달했다. 이미 구워지는 소시지 향기에 자극 받아 식욕은 오를대로 올랐다. 주인은 식탁에 소시지가 올라오기만을 기다리고 있었다. 잔뜩 기대에 부푼 주인은 얼른 빵을 크게 한 입 베어 물었다. 그 순간 기대는 절망으로 바뀌었다. 화가 머리끝까지 치솟았다. "아니 이 녀석이!"

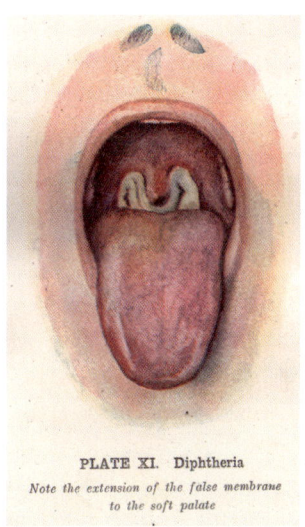

▶ 디프테리아 징후를 설명한 그림(1913)

고아의 「라사리요 데 토르메스의 삶」은 주인의 소시지를 먹어버린 라사리요가 주인에게 잡혀 문초를 당하는 장면을 묘사한 것이다. 주인은 라사리요를 무릎 사이에 끼우고 꼼짝달싹 못 하게 만들었다. 왼손으로는 목덜미를 움켜잡아 고개조차 못 돌리게 했다. 주인은 입을 크게 벌리게 하고 두 손가락을 하인의 입에 넣었다. 그의 발달한 큰 코는 라사리요의 입에서 소시지의 행방을 찾고 있다. 자신이 가졌던 소시지에 대한 기대만큼 분노가 폭발했다. 주인은 결국 손을 목구멍 속으로 깊이 넣어 먹은 음식을 게우게 할 듯하다. 자신도 먹지 못한 음식을 하인이 먹는 것은 도저히 용납하지 못하는 것 같다.

「라사리요 데 토르메스의 삶」은 「디프테리아의 치료(Treatment of Diphtheria)」로 더 유명하다. 사랑하는 아들이 호흡곤란을 호소했다. 디프테리아에 걸린 것이다. 아버지는 눈 흰자위만 보일 정도로 숨

아픈 아이를 질식시키는 디프테리아
A ghostly skeleton trying to strangle a sick child; representing diphtheria
▶ 1912/57×34.9cm/종이에 수채
▶ 쿠퍼(Richard Tennant Cooper /1885~1957)
▶ 웰컴 콜렉션(Wellcome Collection/영국 런던)

이 곧 넘어가는 아이를 차마 그냥 볼 수 없었다. 아들이 어떻게든 숨을 편히 쉴 수 있도록 해주고 싶었다. 아픈 아이를 다리 사이에 고정하고, 손가락을 넣어 목 깊숙이 퍼져있는 흰 막을 제거하려 한다. 목구멍에 생긴 흰 막만 제거하면 아들이 조금이라도 편히 숨을 쉴 수 있을 것 같다. 쿠퍼의 작품 「아픈 아이를 질식시키려는 디프테리아」에는 유령이 아이의 목을 조르고 있다. 스페인에서 1613년 발생한 디프테리아를 엘 가로띠요(El garrotillo)라고도 불렀다. 이 명칭은 밧줄이나 쇠줄로 목을 조르는 데 사용되는 처형 장치를 말한다. 디프테리아가 어떤 질병인지 잘 표현하고 있다.

디프테리아는 디프테리아균(*Corynebacterium diphtheriae*)이 목구멍의 점막 부위에 침입하여 발병한다. 이 병의 가장 큰 특징은 감염 부위에 형성된 흰 위막(pseudo-membrane)이다. 위막이란 막처럼 보이지만 가짜 막이라는 의미다. 위막은 목구멍 부위에 껌이 붙은 것처럼 보인다. 이 증상이 심해지면 후두염에서 기도가 막히거나 합병증으로 사망할 수도 있다.

「라사리요 데 토르메스의 삶」을 「디프테리아의 치료」로 부르는 것은 의학적으로 다소 문제가 있다. 아버지의 행동은 치료행위로 볼 수 없기 때문이다. 점막은 약한 조직이어서 손으로 자극하면 2차 감염으로 아이가 더 위험해질 수 있다. 그뿐 아니라 아버지까지 전염될 수 있다. 아이를 치료하려면 숨을 좀더 편히 쉴 수 있게 턱을 들어 올리는 것이 효과적이다. 어떤 사람은 아이를 치료하는 사람이 실제 의사라고 주장하기도 한다. 하지만 그 당시 의사는 흔한 디프테리아 치료를 위해 도구를 사용하였다. 작품 속에는 그 어떤 치료 도구도 보이지 않는다.

「디프테리아의 치료」라는 제목으로 고야의 작품을 부르는 이유는 그 시기 많은 사람이 느꼈을 감정이 이 작품에 투영되었기 때문이다. 그만큼 많은 아이가 당시 디프테리아에 걸렸다는 방증이다. 「그랑드자트섬의 일요일 오후」로 유명한 조르주 쇠라와, 가족을 끔찍이도 아낀 「황소」, 「길 떠나는 가족」의 작가 이중섭의 아들도 디프테리아로 유명을 달리했다.

사람과 사람의 접촉으로 전파되는 급성 세균 감염인 디프테리아는 아동기에 발병하는 모든 질병 중 가장 무서운 전염병이었다. 디프테리아의 역사는 고대 이집트와 그리스로 거슬러 올라간다. 하지만 심각한 유행은 1700년 이후에 시작되었다. 이 병에 걸린 어린이 중 약 10% 정도가 사망했다. 5세 미만의 어린이가 가장 위험했다. 아이를 사망에까지 이르게 한 가장 큰 요인은 질식이었다. 1920년

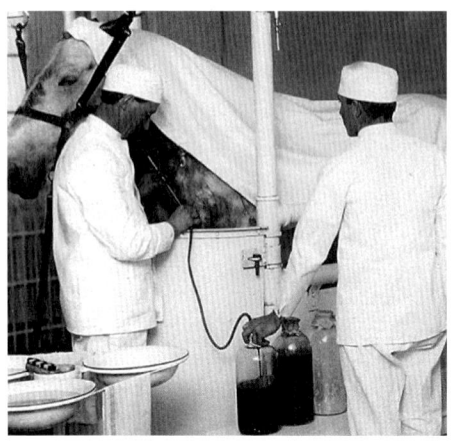

▶ 20세기 초, 말에서 혈액을 추출하는 사진을 보면 채혈을 위해 머리에서 꼬리까지 흰 천을 덮고 혈관이 있는 목에는 면도까지 한 것을 알 수 있다.

대에 치료법이 널리 보급될 때까지 대중은 이 질병을 사형 선고로 여겼다.

1880년대 클리블랜드 출신의 의사 조셉 오드와이어(Joseph O'Dwyer, 1841~1898)는 디프테리아로 호흡이 위급한 상황에서 사용할 수 있는 튜브 삽입법을 개발했다. 사용이 쉽지는 않았지만 오드와이어의 삽관 기구는 아이의 생명을 구할 최후의 수단이 되었다. 이 방법 외에 기관을 절개하는 수술도 있었다. 하지만 마취도 없이 이루어지는 수술 방법은 너무 고통스러웠다. 치료 후에는 합병증으로 고생해야 할 수도 있었다. 18세기 초, 에드윈 클렙스(Edwin Klebs, 1834~1913)와 프리드리히 뢰플러(Friedrich Loeffler, 1852~1915)가 디프테리아균의 독소를 발견하면서 치료의 서막을 열었다. 특히 뢰플러는 디프테리아균이 만든 독소가 위험 요소임을 알아내고, 입안을 헹구는 치료법을 제안하였다.

뢰플러의 연구에 주목한 사람은 파스퇴르의 조력자인 에밀 루

(Emile Roux, 1853~1933)와 코흐의 제자인 에밀 베링(Emil von Behring, 1854~1917)이었다. 에밀 베링은 파상풍에 걸린 동물의 혈청을 다른 동물에 주입하면 치료할 수 있다는 사실을 알아냈다. 코흐의 연구실에 들어간 후에는 연구를 더 진행해 디프테리아 항독소 혈청을 개발했다. 1891년에는 양에게 독소를 투여하여 항독소 면역 혈청을 만들었다. 이를 한 소녀에게 투여한 결과 성공적이었다. 이 치료법의 발견은 디프테리아 치료에 혁명적 사건이 되었다. 이 연구로 베링은 제1회 노벨 생리의학상의 주인공이 되었다. 한편 에밀 루는 좀 더 많은 양의 면역 혈청을 얻기 위해 덩치가 큰 말을 사용했다. 다행히 말은 다른 동물과 달리 독소에 약간의 미열을 나는 정도로, 가장 영향을 적게 받았다. 감염시킨 말에서 항독소를 생산하는 방법은 매우 성공적이었다.

 1940년대 말에서 혈액을 추출하는 사진을 자세히 보면 채혈을 위해 목 부위를 면도하고 갈기도 정리한 것을 알 수 있다. 말의 목 부위 혈관과 채혈관을 선명히 구분할 수 있다. 이렇게 말 한 마리에서 대게 5~6 ℓ 의 혈액을 얻을 수 있었다. 이렇게 얻은 혈액을 원심 분리하면 혈구와 혈장으로 분리된다. 그 후 혈장에서 응고와 관련된 각종 단백질을 분리하면 항체가 다량 들어 있는 맑은 피 즉 혈청을 얻을 수 있다. 이 혈청에는 매우 다양한 항체가 들어 있다. 디프테리아 항체만 분리하려면 복잡한 여과 과정을 거쳐야 한다. 이렇게 분리된 항체가 바로 항독소가 된다.

 생산된 항독소는 수많은 아이의 생명을 구할 수 있을 것 같았다. 하지만 초기 개발된 백신은 부작용이 많았다. 백신을 주입하면 과민성 쇼크(아나필락시스, anaphylaxis-급격한 전신 반응)로 아이가 갑자기 사망하는 사건도 일어났다. 1890년에 도입된 항독소의 면역력은 단 2주 동안 지속되었다. 우리 몸이 스스로 질병에 대한 방어 능력을 갖추도록 하는 예방 효과는 없었다. 처음 만들어진 백신은 치료 백신으로 수동 면역만 일어났다. 제너의 종두법처럼 우리 몸에 병에 대한 정보를 기억하도록 하는 능동면역을 위한 예방 백신 개발에는 더 많은 시간이 필요했다.

1913년 베링은 독소와 항독소가 혼합된 주사액을 접종하면 면역력이 지속된다는 사실을 확인했다. 하지만 독소를 몸에 직접 주입하는 것은 병에 걸린다는 의미다. 과학자는 비슷한 특성을 가졌지만 병은 일으키지 않는 독소 즉 변성 독소가 필요했다. 1924년 파스퇴르 연구소의 세균학자 가스통 라몽(Gaston Ramon, 1886~1963)은 디프테리아 독소를 포르말린으로 처리하여 강한 독성을 제거하여 몸에서 항독소를 만들게 하는 변성 독소 생산 방법을 알아냈다. 이런 변

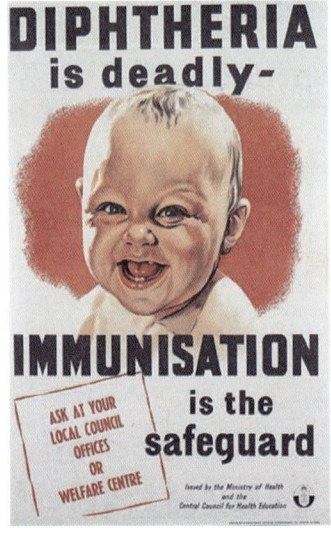

디프테리아는 치명적이다 Diphtheria is Deadly
▶ 1935~1945/포스터
▶ 임페리얼 전쟁 박물관(Imperial War Museums/영국 런던)

형 독소를 톡소이드(Toxoid)라고 하는데, 이는 접종의 안정성을 크게 높였다. 그러나 이 톡소이드는 지속성이 매우 짧은 단점이 있었다. 이 문제는 1926년 런던의 버로스 웰컴 연구소에서 변성 독소를 보강하는 물질로 명반을 사용하여 해결했다. 톡소이드-항독소 혼합물은 오늘날에도 여전히 사용되는 DTaP(혹은 Tdap) 백신으로 발전했다. DTaP는 디프테리아(Diphtheria), 파상풍(Tetanus), 백일해(Pertussis)의 앞 글자를 딴 이름이다. 이 3가지 전염병은 모두 영아에서 높은 사망률을 보인다.

이제 디프테리아는 백신의 등장으로 예방 가능한 질병이 되었다. 미국에는 1921년 디프테리아 환자가 20만 명을 넘었지만, 1998년에는 단 1명으로 줄었다. 1966년 우리나라에서도 디프테리아 사망자 수가 기존의 25%로 줄어들고 있었다. 백신 접종으로 아이들이 심각한 질병으로 목숨을 잃거나 장애를 가지고 살아가는 것을 막을 수 있게 되었다.

신생아는 태어나면 DTaP(디프테리아, 파상풍, 백일해) 예방 접종을 하도록 제도화되어 있다. 생후 2, 4, 6개월 3회 기초 접종과 18개월, 만 4~6세 2회에 걸쳐 접종한다. 또 모든 접종 자료는 전산 관리되어 아이가 어디를 가든 의사는 이를 확인할 수 있다. 법적으로 아이가 태어나면 산모 수첩을 제공해 엄마가 아이의 예방 접종 일을 정확히 알 수 있도록 백신 접종 정보를 제공하고 있다. 특히 2차 추가 접종은 반드시 만 4세가 지나서 해야 한다. 만 7세가 넘어가면 부작용이 증가하므로 꼭 만 7세 생일이 되기 전까지 접종하도록 하고 있다. 우리나라에 디프테리아 환자는 거의 발생하지 않는다. 보건 당국과 소아청소년과 의사가 예방 접종을 위해 적극적으로 노력하고 있다.

의사 The Doctor
- 1891 / 166.4×241.9cm / 캔버스에 유채
- 루크 필데스(Luke Fildes / 1843~1927)
- 내셔널 갤러리(National Gallery / 영국 런던)

우리나라는 98%의 예방 접종률을 보이고 있다.

2019년까지 125개국이 DTaP 백신의 최소 90% 적용 범위에 도달했다. 한 해 동안 전 세계 영아의 약 85%(1억1,600만 명)가 3회 용량의 DTaP 백신을 맞았다. 여전히 15%의 어린이 천사백만 명은 예방 접종을 받지 못하고 있다. 아시아와 아프리카의 일부 국가는 50% 이하의 아이만 예방 접종을 하고 있다. 디프테리아는 발생 환자 수가 1980년 거의 100,000명에서 2017년 16,435명으로 감소했다. 하지만 여전히 사라진 질병은 아니다.

19세기 말에서 20세기 초로 이어진 전염병 연구로 많은 과학자가 노벨상을 받았다. 하지만 디프테리아 극복에 이바지한 에밀 루와 가스통 라몽은 노벨상과 인연을 맺지 못했다. 국제학술지 「네이처」의 발표에 따르면 세균학자 라몽은 1930년부터 1953년까지 155명의 과학자에게서 추천을 받았지만 수상으로 이어지지 않았다. 루 또한 루이 파스퇴르와 함께 광견병 백신을 개발한 백신 선구자로 1910년부터 그가 죽기 전 해인 1932년까지 23년간 115명의 추천을 받아 노벨상 심사 과정에 이름을 올렸지만, 끝끝내 수상하지 못해 아쉬움을 남겼다. 「네이처」는 라몽과 루가 노벨상을 받지 못한 것은 이미 많은 과학자가 질병과 면역 연구로 노벨상을 받았기 때문이라고 밝혔다. 수많은 과학자의 노력으로 아이의 생명을 지킬 수 있게 되었다.

루크 필데스의 작품 「의사」는 많은 것을 생각하게 한다. 약해 보이는 어린 소녀는 창백한 얼굴로 잠들어 있다. 의사는 불빛을 따라 아이를 지켜낼 처방을 생각하고 있다. 뒤편에서 엄마는 최악의 상황을 생각한 듯 감정을 억누를 수 없다. 슬픔에 잠긴 부인을 위로하려 애써 침착한 모습을 보이려는 아빠의 표정도 눈에 띈다. 탁자 위에는 한 병의 약과 이를 먹인 듯한 찻잔이 있다. 1891년 의사는 아이의 생명을 구할 수 있었을까?

홀아비 The widower

예술가 루크 필데스(Luke Fildes/1844~1927)
국적 영국
제작 시기 1875~1876년
크기 168.9×248.3cm
재료 캔버스에 유화
소장처 뉴 사우스 웨일즈 미술관(Art Gallery of New South Wales/호주 시드니)

3   전염병을 추적하다

> 우리는 지구의 가장 먼 곳까지 식민지로 만들 수 있다. 우리는 인도를 정복할 수 있다. 우리는 지금까지 계약된 가장 큰 부채의 이자를 지급할 수 있다. 우리의 이름과 명성, 그리고 우리를 풍성하게 하는 부를 전 세계에 퍼뜨릴 수 있다. 하지만 템즈 강은 청소할 수 없다. …… 템즈 강이 현재와 같은 모습이 되도록 정부가 만들었는가? 우리가 두려워하는 것은 콜레라가 그 유일한 답을 제시하리라는 것이다.
> - 「The Illustrated London News」 26 June 1858. p. 628.

19세기 영국은 세계의 중심이었다. 영국의 수도 런던은 강한 권력과 엄청난 부가 집중된 도시였다. 「기구에서 본 런던」처럼 도시의 규모도 웅장했다. 19세기 초 백만 명 미만이었던 도시 인구가 19

기구에서 본 런던 A Balloon View of London as seen from Hampstead
▶ 1851/인쇄 및 소묘
▶ 런던 박물관(Museum of London), 영국

침묵의 노상강도 The Silent Highwayman
- 1858/삽화
- 템즈 강에서 죽음은 노를 저으며, 강 청소에 대한 비용으로 희생자의 목숨을 요구한다.
- 잡지 「펀치(Punch Magazine)」 35권 중

세기 중반에는 두 배로 늘어났고, 19세기 말에는 650만 명에 이르렀다. 현재 영국 국민 1/5 정도의 고향이 런던일 정도다.

그 시기 런던에서는 급속한 인구 팽창 속도를 도시 시스템이 전혀 따라잡지 못했다. 수도 시설, 쓰레기 처리, 하수 처리, 주택 공급 등 모두 시민의 생명까지 위협할 상황에 이르렀다. 런던의 템즈 강은 정화되지 않고 흘러드는 사람의 분뇨와 음식물 쓰레기 그리고 죽은 동물의 사체로 마치 거대한 하수도 같았다. 도시의 젖줄이었던 생명의 강 템즈는 이제 죽음의 강이 되었다.

도시는 늘 심각한 악취가 넘쳐났다. 생명 과학이 발달하지 않았던 당시 사람들은 나쁜 공기가 질병을 일으킨다고 믿었다. 런던 시민에게 악취는 두려운 존재였다. 심각한 악취 때문에 시민들은 문을 닫고 석회를 뿌린 커튼도 쳤다.

1858년 여름은 유난히 더웠다. 더군다나 비도 내리지 않았다. 템

즈 강의 악취는 더욱 심각해졌다. 이런 심각한 악취를 막을 수 없게 되자 강 옆에 있던 국회 의사당마저도 폐쇄해야 하는 이른 바 대악취(Great Stink) 사건이 발생했다. 런던 시민의 불안과 불만이 날로 높아졌다. 하지만 그 후로도 오랫동안 이 문제를 해결하지 못했다. 1878년에는 템즈 강을 오가던 프린세스 앨리스(Princess Alice)호가 침몰하면서 800여명의 승객 중 600명이 사망했다. 대부분의 사망 원인은 익사가 아니라 템스 강의 더러운 물 때문이었다.

　루크 필데스는 영국 사실주의를 대표하는 작가다. 그의 작품에는 당시 영국의 사회적 상황이 고스란히 담겨있다.「홀아비」에는 부인을 잃고 홀아비가 된 아빠의 무릎에 창백한 얼굴로 죽어가는 아이가 있다. 아빠는 마른 눈물을 흘리며 걱정되는 눈빛으로 아이의 얼굴을 바라본다. 가족의 죽음을 전혀 이해하지 못하는 어린아이들은 그저 천진난만한 표정으로 음식에만 관심이 있거나 바닥을 기며 공놀이에 집중할 뿐이다. 가족이 사는 집안 곳곳은 아이를 키우는 가정의 모습이라기에는 너무 초라하고 지저분하다. 또다시 전염병이 퍼진다면 홀아비는 그 아이 중 일부 혹은 전부를 잃을지도 모른다.

　그의 또 다른 작품「임시 시설 입소 지원자들」을 보면 가난이 개인만의 문제가 아님을 엿볼 수 있다. 거리에는 눈이 쌓이고 있다. 추운 겨울밤을 지낼 수 있는 임시 시설에 남루한 차림의 사람들이 길게 줄을 섰다. 관람자의 관점에서도 춥고 긴 겨울밤을 이 많은 사람이 어떻게 보낼지 정말 막막하다. 어른도 견디기 힘든 가난인데, 짧은 여름옷 차림의 아이도 보인다. 추위를 견디려 서로 체온을 나누는 아이들, 엄마의 옷깃을 잡은 어린 소녀는 그 시대의 사회상을 대표하고 있다. 임시 시설의 입장권 발행은 1864년 약 200,000건에서

임시 시설 입소 지원자들 Applicants for Admission to a Casual Ward
- 1874/94×57.1cm/캔버스에 유화
- 루크 필데스(Luke Fildes/1844~1927/영국)
- 테이트(Tate/영국 런던)

1869년 40만 건 이상으로 두 배가 될 정도로 19세기 영국 사회는 점점 더 빈부격차가 심각한 사회가 되고 있었다. 전염병은 지위고하, 남녀노소를 가리지 않는다. 전염병은 사람에서 사람으로 전염된다. 누구든 전염병에 노출되면 구성원 전체에 위협이 된다. 런던은 이렇게 점점 전염병에 취약한 도시가 되고 있었다.

콜레라는 인도 갠지스 강 유역에서 유행하던 풍토병이었다. 영국은 세계적인 네트워크를 가지고 있었다. 세계를 누비던 영국군은 콜레라를 전파하기 시작했다. 하지만 콜레라가 영국에 도착하기까지는 시간이 걸렸다. 콜레라는 잠복기가 짧은 전염병이었기 때문이다. 콜레라에 걸린 사람은 배를 타고 영국까지 도달할 수 없었다. 초기 콜레라는 육상 경로를 따라 이동했다. 그 과정에서 콜레라는 세 번의 대유행(팬데믹)을 일으켰다. 1차는 육상 교역 경로를 따라 이동하면서 인도, 오만, 이란 등 벵골만과 아라비아해 주변에서 1817~1824년에 발생했다. 2차는 러시아 지배에 대한 동유럽의 11월 봉기로 중동과 중앙아시아의 러시아 병력을 유럽으로 다시 배치하면서 1829~1837년에 발생했다. 그리고 3차 유행은 1846~1860년에 발생했다. 결국 콜레라는 영국인의 교육 통로를 따라 영국으로 흘러들었다. 1831년 12월 잉글랜드 북동부 선더랜드 항구에 처음 콜레라 환자가 발생했다. 결국 콜레라는 영국이 자랑하는 철도를 따라 빠르게 런던으로 입성했다. 런던에서 콜레라가 퍼지면서 초기에는 6~7천 명의 사망자가 발생했다. 1848~1850년에는 2년 동안 영국 전체로는 5만 명, 런던에는 1만 5천 명의 사망자가 나왔다. 1853~1854년 사이에 런던에서만 1만 명 넘게 사망했다.

지금도 WTO는 아시아와 아프리카를 중심으로 매년 300만~500만 명의 환자가 발생하는 것으로 추정하고 있다. 콜레라균(*Vibrio cholerae*)은 강과 바다가 만나는 기수지역에 사는 플랑크톤과 생활사를 공유한다. 사람이 그곳에 사는 물고기나 해산물 등을 설익혀 먹거나 회로 먹으면 감염된다. 우연히 감염된 사람은 확산의 매개체가 된다. 환자는 구토물이나 대변 등을 통해 더 많은 콜레라균으로 음식물이나 식수를 오염시킨다. 결국 집단 발병으로 이어진다.

콜레라는 급성 설사 질환이다. 콜레라균이 분비하는 콜레라 독소(Cholera Toxin, CTX 혹은 CT) 때문이다. 콜레라균이 소장에 도착하면 소장의 상피에 결합하여 독소가 세포막에 붙고, 세포 안으로 들어가 세포질에서 활성화된다. 활성화된 독소는 소장의 수분 흡수를 막아버린다. 그 결과 나트륨 이온과 물이 장내로 계속 빠져나가게 되고,

콜레라 초상화 A Young Viennese Woman, aged 23, Depicted Before and After Contracting Cholera
▶ 1831/점묘 판화에 채색
▶ 웰컴 콜렉션(Wellcome Collection/ 영국 런던)

급격한 설사로 이어진다. 지속적인 설사로 몸속 전해질이 부족하게 된다. 이는 결국 심각한 탈수 증상을 나타낸다. 중증이면 4~12시간 만에 쇼크에 빠지고, 하루 혹은 수일 내에 사망한다. 수채화 작품인 「콜레라 초상화」에서 23세의 젊은 비엔나가 콜레라에 걸리기 1시간 전과 죽기 4시간 전의 모습을 비교해 볼 수 있다. 불그스름하고 통통한 그녀의 얼굴이 파랗게 수축한 것을 확인할 수 있다. 이런 병변 때문에 콜레라를 푸른 죽음(Blue Death)이라 불렀다.

런던 시민은 질병이 악취처럼 공기로 퍼진다고 믿었다. 소위 미아즈마(Miasma)라는 이론이다. 많은 사람이 콜레라의 원인도 악취라고 생각했다. 시민들은 런던 하수구에서 배출된 죽음의 악취를 제거하면 콜레라가 사라진다고 생각했다. 런던 의회는 하수구를 정비해 템즈 강으로 하수가 바로 흘러들 수 있도록 만들었다. 공사는 1875년에 완공되었다. 하지만 이 공사는 템즈 강을 거대한 하수구로 만들고 말았다. 그리고 콜레라는 다시 주기적으로 더 강하게 창궐했다. 이렇게 되고서야 사람들은 악취가 원인이 아닐 수 있다는 주장을 받아들이기 시작했다.

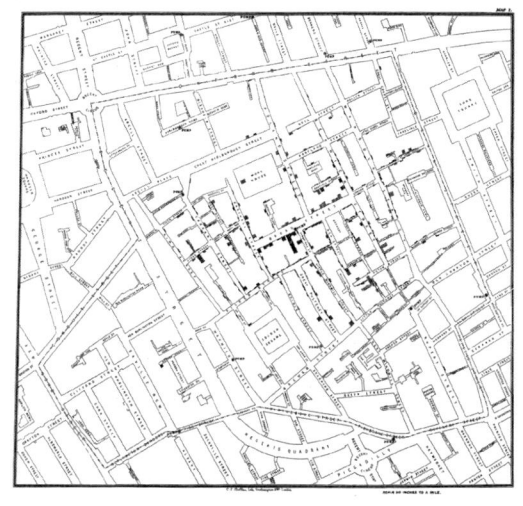

스노의 콜레라 점지도
▶ 콜레라 발생 환자 검게 표시(Original map made by John Snow/1854)
▶ 『콜레라의 전파방식에 대하여(On the Mode of Communication of Cholera)』 중 p.44 삽화

잉글랜드 의사인 존 스노(John Snow, 1813~1858)는 콜레라 환자에게서 호흡기와 관련된 병변이 나타나지 않는다는 사실을 이상하게 생각했다. 악취가 원인이라면 분명 호흡기 이상이 있어야 한다고 생각했기 때문이다. 이런 스노가 주목하기 시작한 부분은 콜레라 환자에게서 나타나는 심각한 설사였다. 그 당시 사람의 분변은 대부분 물길을 따라 강으로 흘러갔다. 이 점에서 사람의 분변으로 인한 수질 오염이 원인이 될 수 있을 것이라 생각했다. 그러던 1854년 런던 소호에서 콜레라가 유행하기 시작했다. 그는 콜레라의 원인을 추적해 보기로 했다. 스노는 콜레라 환자가 발생한 지역을 지도에 표시해 보았다. 「스노의 콜레라 점지도」에 있는 까만 점 하나가 환자 한 명이다. 그 결과 환자가 특정 지역에 몰려 있다는 사실을 알게 되었다. 또한 지역 주민과 직접 면담한 결과를 토대로 콜레라의 시작점을 지목할 수 있었다. 바로 브로드 거리에 있던 공공 수도 펌프였다. 펌프는 손잡이가 제거되었고, 다시는 환자가 발생하지 않았

다. 지금도 이곳에는 손잡이가 사라진 스노의 펌프가 거리를 지키고 있다.

> 현장으로 가면서 브로드 거리에 있는 펌프 주변에서 거의 모든 사망자가 발생했음을 알았다. 다른 거리 펌프와 확실히 더 가까운 집에서는 단 10명이 사망했다. 이 중 5건은 고인의 가족은 브로드 거리 펌프 물을 더 선호했기 때문에 그곳의 펌프를 사용했다고 나에게 알렸다. 다른 세 가지 사례는 브로드 거리의 펌프 근처 학교에 다녔던 아이들이었다.
> 조사 결과, 언급한 펌프의 물을 마신 사람을 제외하고는 런던에서 콜레라가 특별히 발생하거나 유행하지 않았다.
> 나는 7일 저녁에 St James 교구 수호위원회와 인터뷰를 가졌으며 위의 상황을 그들에게 설명했다. 그 결과로 다음 날 펌프의 손잡이를 제거하는 조치가 취해졌다.
> ─존 스노의 편지 중

스노는 연구를 더 진행하여 상수원의 수질과 콜레라 사이의 연관성을 찾기 위해 노력했다. 지도 자료를 수집한 후 통계 분석을 시도했다. 이 연구로 하수로 오염된 템즈 강의 하류 구역을 상수원으로 사용하는 지역이 상류 지역의 물을 상수원으로 사용하는 지역보다 콜레라 발생률이 14배나 높다는 사실을 알 수 있었다. 그는 1855년 발간한 『콜레라의 전파방식에 대하여(On the Mode of Communication of Cholera)』라는 저서에서 표와 지도 등의 다양한 시각적 자료와 분석 결과를 제시하면서 자신의 주장이 옳음을 설명하였다. 이런 존 스노의 연구는 공중 보건의 역사에서 중요한 사건이었다. 그는 현대적인 질병 역학 연구 분야를 개척한 의사로 기록되었다.

우리는 코로나19 시대에 역학 조사의 중요성을 한 번 더 실감하고 있다. 역학 조사에서 가장 중요한 것은 정확성과 신속성이다. 코로나19 감염 여부를 확인하는 과정에는 검체채취키트와 검사키트가 사용된다. 환자에게서 검체를 채취하면 검사키트로 코로나바이러스 유전물질을 추출한 후 실시간 중합효소 연쇄 반응(Real-Time Polymerase Chain Reaction, RT-PCR) 실험 장비를 사용하면 코로나바이러스의 유전정보를 증폭할 수 있다. 이는 매우 정확하게 감염 여부를 알아내는 방법이다. 이렇게 찾아낸 감염자는 역학 조사관이 그동안의 행적을 추적한다. 조사관은 환자가 어떻게 감염되었는지 또 다른 누군가를 접촉해 전파한 것은 아닌지를 찾아 확인한다. 이 과정에서 스노가 했던 면담에만 의존하지 않는다. 이제는 역학 조사에도 정보 통신 기술을 접목하고 있다. 카드 사용 정보는 물론이고 핸드폰에 남아있는 GPS 좌표, CCTV 기록 등을 종합적으로 분석하여 환자의 이동 경로를 거의 정확하게 찾아낸다. 이 역학 조사 과정에서 얻은 각종 데이터는 질병관리청으로 보내진다. 질병관리청의 연구자는 이 자료를 수학적 모델링과 빅데이터 분석 등에 활용한다. 그 결과 코로나19의 특성과 확산 추세 등을 예측하여 전염병에 대한 적절한 대응 전략을 수립하게 된다.

질병 역학 조사가 시작된 후 많은 발전이 있었지만, 존 스노와 같은 점지도 활용은 여전히 역학 조사에 유용하게 사용되고 있다. 특히 코로나19 시대에 온라인 지도로 확진자의 발생 수나 이동 경로를 제공하거나, 마스크의 판매 위치를 알려주는 앱도 등장했다. 신종 전염병 시대에 역학 조사의 중요성은 높아지고, 역학 조사의 새로운 장이 열리고 있다.

아를 병원의 병실 Dormitory in the Hospital in Arles

예술가 빈센트 반 고흐(Vincent van Gogh/1853~1890)
국적 네덜란드
제작 시기 1889년
크기 74×92cm
재료 캔버스에 유화
소장처 오스카 라인하르트 미술관(Sammlung Oskar Reinhart/스위스 취리히)

4 손을 씻어라!

> 부패한 물질을 동물 유기체로 옮기는 모든 실험은 속도와 강도 면에서 그에 따라 생성된 효과가 정량적 조건에 따라 다르다. 특히 직접 주입으로 빠르게 죽이는 부패한 감염을 증명한다. 혈중에 들어가는 독소의 동종 요법 이상의 복용량이 필요하다.…… 비엔나 학생들의 청결 상태와 관련하여, 감염 물질이나 증기가 환자를 죽일 정도로 손톱 밑에 충분히 끼어 있을 가능성은 희박해 보인다.
> ─ 레비(Levy, 1849)

반 고흐의 「아를 병원의 병실」은 그가 죽기 1년 전 작품이다. 아를의 병원은 1988년 12월 고갱과 결별로 자신의 귀를 자른 후 입원한 곳이다. 「아를 병원의 병실」에는 그가 입원했을 당시 병실의 모습이 잘 묘사되어 있다. 병실의 침상은 마치 기숙사처럼 두 줄로 길게 늘어서 있다. 침상과 침상은 흰 천으로 분리되어 있을 뿐 별다른 시설은 눈에 들어오지 않는다. 환자들은 가운데 놓인 난로 주변에 앉아 있다. 서로 자신의 세계에 몰두한 듯 정겨워 보이지는 않는다.

중세 유럽인은 대부분 자신의 집이나 교회의 수도원 그리고 전쟁터에서 죽음을 맞았다. 일반인이 질병으로 병원을 찾아 치료를 받는다는 것은 드문 일이었다. 병원이 일반화되기 시작한 것은 산업혁명으로 도시화가 진행되면서부터다. 시민의 폭발적 증가로 환자 역시 급증했기 때문이다. 18세기에 접어들어서는 천연두 병원, 성병 병원, 안과 병원, 이비인후과 병원과 같은 특수 질병을 치료하는 병원이 등장하기 시작했다. 하지만 병원의 의료 서비스는 불편했고, 입원은 더욱 달갑지 않았다. 병원에 가면 오히려 병을 얻을 판이었다. 1793년 프랑스 국민의회는 이를 개선하고자 입원 환자별로 각각 침대를 배정하고, 침대 간 간격도 90cm 이상을 유지하도록 하는 법까지 제정했다. 그런데도 사람들은 병원을 죽음의 집이라고 불렀다. 그도 그럴 것이 병원은 도시의 모든 병원균이 모여드는 장소였다.

프랑스혁명을 거치면서 오스트리아의 힘은 약해졌다. 그런데도 여전히 수도 빈(Wien)은 매우 활기차고 아름다운 도시였다. 시민 중에는 막대한 부를 축적하고, 과학적 교양을 가진 사람도 많았다. 경제적 여유가 있는 시민은 시설이 잘 갖추어진 종합병원을 찾았다. 특히 부유한 집의 산모는 집보다 시설이 좋은 병원에서 아이를 낳는 것을 자랑했다. 이름있는 종합병원 산부인과에서 아이를 낳았다는 사실만으로도 자신의 부와 권력을 과시할 수 있었다. 하지만 여전히 병원은 그리 안전한 장소가 아니었다. 당시 빈의 산부인과에서는 산모 중 많은 수가 산욕열로 죽었다. 산욕열은 산모가 출산 과정에서 세균에 감염되어 일어난다. 산욕열은 걸리면 고열이 나며 패혈증으로 이어져 사망하는 무서운 병이다. 1842년 빈의 종합병원에서는 산욕열로 사망한 산모의 비율이 15%를 넘었다.

헝가리 출신인 제멜바이스(Ignaz Philipp Semmelweis, 1818~1865)는 오

스트리아 빈에 있는 종합병원 산부인과에 부임했다. 그는 병실에서 산모의 안타까운 죽음에 직면했다. 제멜바이스는 산욕열에 관한 연구를 진행하기로 마음먹었다. 미아즈마설(Miasma)을 믿던 당시 의사들은 병실의 나쁜 공기를 문제로 지적했다. 하지만 자신의 집에서 출산하는 산모에게 산욕열은 흔한 질병이 아니었다. 제멜바이스는 기존 가설로 설명이 어려운 특이한 현상에 주목했다. 병원의 산욕열 사망률이 산파가 아이를 받는 병동에서는 2% 정도였던 반면에 전문교육을 받은 의사가 아이를 받는 병동에서는 7% 이상이었다. 전문 교육을 받은 의사 쪽이 교육을 받지 못한 산파보다 산욕열 발생 비율이 훨씬 높았다. 산욕열의 원인이 오염된 나쁜 공기가 아니라 의사에게 있을 수 있다고 생각했다.

우선 제멜바이스는 병원에서 산파와 의사의 역할을 비교 검토했다. 산파는 오직 아이를 받는 일만 한다. 반면에 의사는 여러 종류의 환자를 치료하고 있었다. 심지어 시신의 부검도 의사가 해야 했다. 심각한 문제는 의사가 부검 후에 손을 씻지도 않은 채 병실로 돌아와 환자를 진찰한다는 사실이었다. 시신과 여러 환자를 거친 피 묻은 손으로 의사는 산모를 진찰하고, 아이까지 받았다.

제멜바이스는 시신이나 아픈 환자를 만지면, 피와 함께 눈에 보이는 않는 시체 입자(Cadaverous particles)가 손에 묻는다고 생각했다. 산욕열에 걸리는 것도 손에 묻은 시체 입자가 전달되기 때문이라는 가설을 세웠다. 그는 실험에 들어갔다. 병원에서 자신이 지도하던 학생에게 환자를 보기 전 희석된 염소 용액으로 손을 씻도록 명령했다. 그 결과 1847년 4월 사망률이 18.3%였으나, 손 씻기를 실시한 후 6월 2.2%, 7월 1.2%, 8월 1.9%로 줄었다. 그다음 해에는 손 씻기

자비의 임무: 스쿠타리에서 부상자를 받는 나이팅게일
The Mission of Mercy: Florence Nightingale receiving the Wounded at Scutari
- 1857/147×212.7cm/캔버스에 유화
- 제리 배럿(Jerry Barrett/1824~1906)
- 국립 초상화 미술관(National Portrait Gallery/영국, 런던)

와 해부학적 사전 교육으로 사망률을 0%로 만들었다. 그는 연구 결과 손 씻기로 감염을 막을 수 있다는 결론을 얻었다. 하지만 의학계는 손 씻기를 받아들이지 않았다. 염소 용액은 단지 부검 조직의 썩은 냄새를 제거하는 데 효과적일 뿐이라고 주장했다. 의사의 피 묻은 손은 물러설 수 없는 고결한 희생의 상징이었다.

러시아와 오스만 제국(터키) 간에 크림 전쟁(1853~1856)이 발발했다. 나이팅게일은 영국 성공회 수녀 38명과 함께 봉사를 실천하고자 전쟁터로 향했다. 그녀가 도착한 수쿠타리(Scutari, 현 알바니아의 쉬코드라) 야전병원의 환경은 매우 열악했다. 그녀가 지낸 첫 겨울 동안 4,077명의 군인이 야전병원에서 사망했다. 사망원인은 주로 장티푸스, 콜레라와 같은 전염병이었다. 다친 군인이 오히려 병원에서 병을 얻고 있었다. 나이팅게일은 병의 원인으로 미아즈마설을 믿고 있었다. 나쁜 공기의 발생을 줄이려면 야전병원의 위생 환경을 개선하는 것이 우선이라고 판단했다. 그녀는 환자를 위한 환경 개선에 나섰다. 그리고 건강을 찾도록 식단도 개선했다. 무엇보다 성심으로 병자를 간호했다. 깊은 밤에도 등불을 들고 병실을 돌았다. 그 결과 전염병으로 인한 사망자 수를 급격히 떨어뜨릴 수 있었다. 그녀의 업적의 크기는 「자비의 임무: 수쿠타리에서 부상자를 받는 나이팅게일」에서 문밖으로 줄지어 선 환자와 아우라를 풍기며 환자를 맞는 그녀의 모습에서 느껴볼 수 있다. 지금도 간호학과 학생은 간호사가 되는 행사에서 촛불을 들고 나이팅게일 선서를 한다.

나이팅게일은 뛰어난 행정가였다. 자신의 경험을 토대로 야전병원의 환경을 개선하고 싶었다. 자신의 주장을 관철하기 위해 모든 자료를 정리하여 상부로 보낼 보고서를 작성했다. 보고서에는 현대

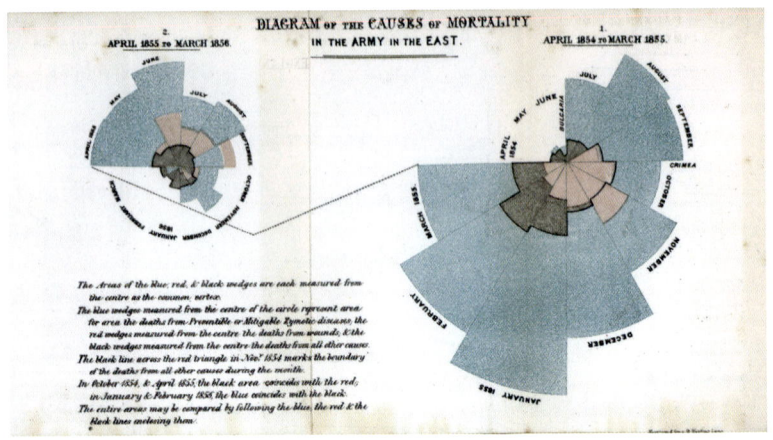

동부 지역 군대에서 사망자의 원인 도표 Diagram of the causes of mortality in the army in the East, 1858
- 나이팅게일(Florence Nightingale/1820~1910/영국)
- 영국 육군에 보고된 내용 중 일부

적인 인포그래픽이 사용되었다. 이 보고서는 정부의 관심을 끌기에 충분했다. 인포그래픽에는 제목, 두 개의 그래프, 페이지 왼쪽 아래에 데이터를 읽는 방법에 대한 설명이 포함되어 있다. 그래프는 삼색으로 사망자를 구분하고 있다. 대부분을 차지하는 파란색은 치료 가능한 질병에 의한 사망자, 빨간색은 전쟁 부상에 의한 사망자 그리고 검은색은 기타 사망자다. 그래프 중 오른쪽은 크기가 더 커서 눈에 잘 들어온다. 그녀가 좀 더 강조하고 싶은 내용임이 틀림없다. 큰 그래프의 작은 삼각형은 1854년 4월(April)로 시작해서 1855년 3월(March)로 끝난다. 그리고 그래프는 점선으로 작은 그래프로 이어진다. 1854년 11월(November) 붉은 삼각형을 가로지르는 검은 선을 볼 수 있다. 이는 기타 사망자의 수를 의미한다. 그래프의 중점에서 3가지 색을 모두 비율로 표시하다 보니 전쟁 사망자가 기타 사망자

의 삼각형을 가려 생긴 표현이다. 전체적으로 시간이 지나면서 그래프의 파란색 부분이 점점 감소하는 것을 알 수 있다. 그녀의 인포그래픽은 지금의 누가 보아도 쉽게 그 당시 환자의 사망원인을 이해할 수 있다.

17세기 중반까지도 생물은 자연 발생한다는 자연 발생설이 정설이었다. 1642년 밀알과 땀으로 더러워진 옷을 항아리에 넣으면 그곳에서 쥐가 나타난다는 헬몬트의 실험이 과학적 결과로 받아들여지던 시기였다. 1668년 레디는 실험적으로 자연 발생설이 틀린 가설일 수 있음을 주장했다. 두 개의 병에 각각 생선 도막을 넣고, 한 병은 그대로 두고 다른 한 병은 천으로 입구를 가렸다. 그 결과 그대로 둔 병에는 구더기와 파리가 발생했고, 반면에 천으로 가린 병에는 생기지 않았다. 레디의 실험은 현대적인 대조구과 실험구를 활용하여 매우 과학적인 실험을 진행했다. 하지만 자연 발생설을 주장하는 과학자는 천으로 가린 병에서도 생선이 부패한 점을 지적했다. 미생물이 증식한 것이다. 이 실험은 여전히 생물은 자연 발생한다는 주장을 완전히 반박하지 못했다. 1745년 니덤은 끓인 양고기 수프를 플라스크에 넣고 입구를 코르크로 막았다. 그다음 뜨거운 재에 넣어 가열했다. 시간이 지나 코르크를 열었더니 양고기 수프는 미생물이 번식해 부패한 상태였다. 이 결과는 1765년 스팔란차니가 플라스크를 충분히 가열해 얻은 결과로 반박되었다. 하지만 니덤은 공기가 드나들지 못한 결과라며 그의 주장을 받아들이지 않았다. 19세기까지도 미아즈마설은 과학계의 정설이었다. 공기는 통하면서 부패는 막을 수 있는 실험이 필요했다. 이를 완벽하게 해결한 과학자가 프랑스의 루이 파스퇴르(Louis Pasteur, 1822~1895)다.

1859년 파스퇴르는 고기 수프를 플라스크에 넣었다. 그리고 입구를 가열하여 S자 모양의 백조목 플라스크를 만들었다. 이 S자 모양의 관으로 공기는 드나들 수 있었다. 하지만 각종 미생물이나 포자는 S자관 속에 있는 물방울에 잡혀 내부로 들어갈 수 없다. 결국 고기 수프는 공기가 통하는 상태에서도 부패하지 않았다. 처음으로 실험적으로 미아즈마설을 반박할 수 있었다. 이 실험은 생물은 생물에서 생긴다는 생물 속생설을 정설로 만들었다. 과학계는 미생물 또한 미생물에서 생긴다는 점을 받아들였고, 파스퇴르가 제시한 여과, 열처리, 화학 처리로 세균을 제거할 수 있다고 주장을 인정하게 되었다.

코흐의 공리
1. 미생물은 어떤 질환을 앓고 있는 모든 생물체에서 다량 검출되어야 한다.
2. 미생물은 어떤 질환을 앓고 있는 모든 생물체에서 순수 분리되어야 하며, 순수 배양이 가능해야 한다.
3. 배양된 미생물은 건강하고 감염될 수 있는 생물체에 접종되었을 때 그 질환을 일으켜야 한다.
4. 배양된 미생물이 접종된 생물체에서 다시 분리되어야 하며, 그 미생물은 처음 발견한 것과 같음을 증명해야 한다.

그 후 과학자들은 병의 원인이 세균에 있다는 것을 알게 되었다. 로베르트 코흐(Robert Heinrich Hermann Koch, 1843~1910)는 세균설을 주장했다. 세균을 고정하고 염색하여 프레파라트를 만들어 현미경으로 관찰하면 그 종을 분류할 수 있다. 세균을 찾아 분리하고 순수 배양할 수 있게 되면서 1877년 탄저균, 1882년 결핵균, 1885년 콜레라균이 차례로 발견되었다. 코흐는 세균학의 아버지로 불린다. 코흐의 가장 위대한 업적은 질병이 세균과 관련있다는 사실을 발견한 것이다. 특정 세균과 특정 질병의 관련성을 인정하려면 코흐의 공리라고 불리는 조건을 만족해야 함을 지적했다. 그의 생각은 정확했다. 1905년 그는 결핵균을 발견한 공로를 인정받아 노벨 생리의학상을 받았다.

안톤 반 레이우엔훅(Antonie van Leeuwenhoek, 1632~1723)은 미생물의 아버지로 불린다. 천 도매상이었던 그는 렌즈를 만들고 독특한 형태로 자신만의 현미경을 만들었다. 그 현미경은 작은 렌즈가 하나만 들어갔지만, 배율은 최대 270배나 되었다. 그는 최초로 현미경을 만든 과학자는 아니지만, 자신만의 현미경으로 작은 생물을 무수

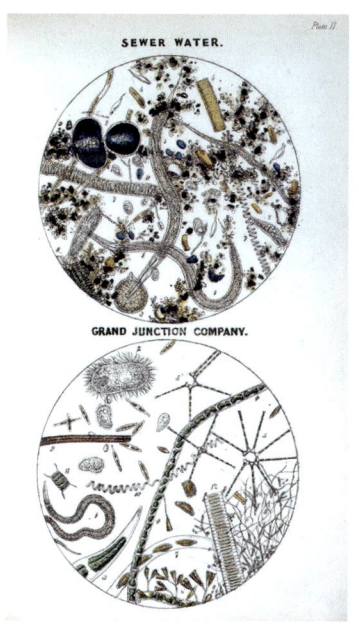

런던과 교외 지역 주민들에게 공급되는 물의 현미경 검사 A microscopic examination of the water supplied to the inhabitants of London and the suburban districts
▶ 1850/삽화
▶ 하솔(Arthur Hill Hassall/1817~1894/영국)
▶ 웰컴 콜렉션(Wellcome Collection/영국 런던)

히 관찰했다. 1764년에는 동물성 플랑크톤, 1683년에는 박테리아, 1677년에는 정자, 1682년에는 근육 섬유의 줄무늬 모양을 관찰했다. 과학자가 아니었음에도 그의 관찰 결과는 명성을 얻었고, 1680년 영국왕립학회 회원으로 인정받았다.

영국 의사 힐 하솔(Arthur Hill Hassall, 1817~1894)은 현미경을 의학과 공중 보건 도구로 사용한 선구자였다. 1846년에 『건강과 질병에서 인체의 미세한 해부학』이라는 책을 출판했다. 그의 두 번째 저서 『런던과 교외 지역에 공급되는 물에 대한 현미경 검사』(1850)는 수질 개혁을 홍보하는 데 큰 영향을 주었다. 그리고 1850년대 초에 식품 불순물에 대한 논문을 의학 저널 「란셋(The Lancet, 1823년부터 지금까지 발행 중인 의학 저널)」에 발표했다. 식품 불순물에 대한 저널의 캠페인은 직접적으로 1860년 식품 오염 방지법으로 이어졌다.

현미경의 발달과 많은 과학자의 연구로 1800년대의 영국 과학계는 이미 미생물의 존재를 알고 있었다. 그런데도 소독을 처음 알아낸 제멜바이스나 역학 조사로 수인성 콜레라의 원인이 수질이라는 것을 알아낸 존 스노와 같은 의사조차도 전염병을 미생물과 관련짓지 못했다. 과학 실험 결과로 미아즈마설을 대체할 과학 이론이 제시되었지만, 과학 이론의 전환은 쉽게 이루어지지 않았다.

토머스 쿤은 『과학혁명의 구조』에서 사회적으로 받아들여지는 인식이나 믿음의 구조로 패러다임을 제시한다. 패러다임은 여러 과학 현상을 설명하는 바탕이 된다. 미아즈마설도 그런 패러다임이다. 의심하지 않고 수많은 현상을 미아즈마설로 설명하는 기간이 지속된다. 이를 정상과학(Normal science)이라고 한다. 그러다가 미아즈마설로 설명할 수 없는 새로운 현상이 등장한다. 이로 인해 기존 패러다임에 위기가 생긴다. 그리고 이 위기가 쌓이게 되면 이를 설명한 대체 패러다임으로 넘어가게 된다. 세균설은 새로운 패러다임이다. 이제 세균설은 정상 과학으로 작용하고 있다. 많은 실험 결과가 이를 지지하고 있다. 『과학혁명의 구조』는 과학이 절대적인 것이 아니라 상대적임을 잘 설명한다. 세균설도 위기를 맞아 새로운 패러다임으로 대체될 가능성이 있다.

빅토리아 여왕 대관식 초상화 Portrait of Queen Victoria in her coronation robes

예술가 조지 헤이터(George Hayter, 1792~1871)
국적 영국
제작 시기 1838
크기 128.3×102.9cm
재료 캔버스에 유화
소장처 왕실 콜렉션(Royal Collection of the United Kingdom/영국 보스턴)

5 고통이 사라지다

> 로버트 리스톤(Robert Liston, 1794~1847)은 테이블에 누워있는 환자의 다리 절단하고 있었다. 그는 칼을 빼면서 속도에 너무 집중해 환자의 다리와 함께 외과 보조원의 손가락을 잘랐다. 그가 칼을 뒤로 휘두르자 관중의 코트를 스쳤다. 그리고 그는 쓰러져 죽었다. 환자와 보조원은 모두 상처가 감염된 후 사망했다. 쓰러진 관중은 나중에 공포로 사망한 것으로 밝혀졌다. 세 명의 사망으로 리스톤의 수술은 **300%**의 사망률을 기록한 유일한 수술이었다.
>
> - 한 명의 난폭한 의사가 어떻게 환자를 죽였나? (Katie Serena, ati) 중

정장을 차려입은 수많은 사람이 지켜보는 큰 홀 중앙에서 한 남자가 수술을 받고 있다. 「에터의 날」 혹은 「에터를 사용한 첫 수술」이다. 19세기 당시 유행하던 사실주의가 잘 반영된 작품이다. 에터(Ether)를 마취제로 사용한 첫 수술 시연 장면을 사실적으로 표현했다. 그날 그 자리에 함께 있었던 사람에 대한 기록도 남아있다.

1846년 10월 16일 이 수술의 집도를 맡은 의사는 환자 옆에서 매스(Mess, 칼)를 든 존 콜린 워렌(John Collins Warren, M.D., 1778~1856)이다. 그는 하버드 의대 해부학과 외과 전공 교수이자 매사추세츠 종합병원의 설립자이기도 하다. 이날 자신이 집도한 수술이 역사에 남을

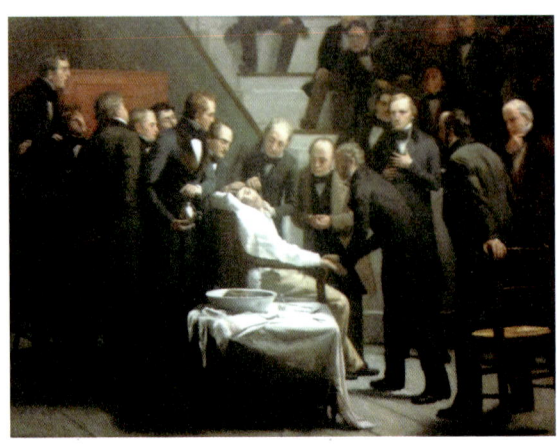

에터를 사용한 첫 수술 The First Operation with Ether
- 1893/243×292cm/캔버스에 유화
- 로버트 힝클리(Robert C. Hinckley/1853~1941/미국)
- 카운트웨이 도서관(Francis A. Countway Library of Medicine/미국 보스턴)

기념비적 일이라는 사실을 잘 이해하고 있었다. 그러기에 그는 68세의 나이에도 불구하고 직접 이 수술을 집도하고 싶었다.

수술이 있기 2년 전 윌리엄 모튼(William Thomas Green Morton, 1819~1868)은 미국 코네티컷주의 치과 의사인 호레이스 웰스(Horace Wells, 1815~1848)의 조수였다. 어느 날 우연히 참석하게 된 사교 파티에서 사람들이 웃음 가스를 마시며 노는 것을 보았다. 그곳에서 그들의 흥미를 끈 것은 웃음 가스를 마신 사람이 놀다가 탁자에 부딪혀 다쳤는데도 전혀 통증을 느끼지 못한다는 사실이었다. 치과 의사로 늘 환자의 통증에 민감했던 이 두 사람의 뇌리에는 웃음 가스로 치과 치료 중에 동반되는 통증을 다스릴 수 있겠다는 영감이 스쳐 지나갔다. 웰스는 이를 검증하려고 직접 웃음 가스를 마시고 자신의 어금니를 뽑았다. 결과는 기대 이상으로 성공적이었다. 효과가 너무나도 확실했다. 이에 고무된 모튼은 여기서 멈추지 않았다. 연구를 계속 하였고, 드디어 1845년 공식적으로 마취제를 사용한 치과 수술을 시연했다. 하지만 결과는 완벽한 실패였다. 마취는 사람의 나이, 체중 그리고 마취제의 특성에 따라 마취 정도나 지속성이 달라지는데, 연구가 제대로 진행되지 않은 결과였다.

1772년에 웃음 가스(Laughing gas)를 처음 발견한 과학자는 유명한 화학자인 영국의 조셉 프리스틀리(Joseph Priestley, 1733~1804)다. 이 가스의 성분은 아산화 질소(N_2O, Nitrous oxide)로 감미로운 향이 특징이다. 이 가스는 이미 1800년에 험프리 데이비가 외과 수술에 사용될 가능성을 제시하였다. 또한 1824년 영국 의사 헨리 힐 히크만은 웃음 가스를 치료에 사용하여 그 결과를 저서에 남기기도 했다. 하지

신택스 부부의 친구와 파티에서 웃음 가스 실험 Doctor Syntax and his wife making an experiment in pneumatics
- 1820/10.8×18.9cm/애쿼틴트 채색
- 윌리암 콤비(William Combe/1742~1823/영국/애쿼틴트)
- 롤랜드슨(Thomas Rowlandson/1757~1827/영국/채색)
- 웰컴 도서관(Wellcome Library/영국 런던)

에터 흡입기 Morton's Ether Inhaler
▶ 미국역사 국립박물관(National Museum of American History/미국 워싱턴 D.C.)

만 이 가스는 여전히 의학적으로는 전혀 주목받지 못했다. 단지 기분 전환용 가스로만 여겨졌다.

마취 수술 시연에 실패한 후 모튼은 하버드 의과대학의 스승인 찰스 잭슨(Charles Jackson, 1805~1880)을 찾았다. 그리고 그곳에서 마취제로 에터(Ether)를 사용할 수 있다는 사실을 알았다. 에터라는 용어는 그리스 신화 속 대기의 신인 아이테르(Aether)에서 유래했다. 19세기 에터는 태양빛이 전달되는 매질로도 불렸다. 무게도 없고 투명하며 마찰도 없는 물질로 물리적 화학적 방법으로 찾아내기 불가능한 공간에 존재하는 이상적 존재로 생각했다. 1905년 아인슈타인이 새로운 빛의 개념을 제시하기 전까지 에터는 신화 같은 존재였다. 의사도 고통 없는 수술은 의학의 신만이 가능한 일이라 생각했다. 화학물질로 에터는 산소 양쪽으로 각각 하나의 작용기가 붙은 형태인 화합물의 총칭이다. 그중 마취제로 알려진 것은 다이에틸 에터(Diethyl ether)다.

전장에서 다리를 절단하는 앙브루아즈 파레
Ambroise Paré amputating leg on battlefield
▶ c.1912/61×91.5cm/캔버스에 유화
▶ 에른스트(Ernest Board/1877~1934/영국)
▶ 웰컴 콜렉션(Wellcome Collection/영국 런던)

모턴은 교수의 도움으로 마취제 연구를 진행하여 효과적인 마취법을 찾아냈다. 그 결과 탄생한 것이 바로 에터 흡입기다. 작품 「에터를 사용한 첫 수술」의 중앙에서 수술 받는 젊은 환자는 길버트 애벗(Edward Gilbert Abbott, 1825~1855)이고, 그 뒤에서 에터 흡입기를 들고 있는 사람이 바로 윌리엄 모튼이다. 집도의 워렌은 탁월한 수술 실력으로 애벗의 왼쪽 목에 생긴 혹을 고통 없이 제거했다. 수술 시연은 성공적이었다. 1965년 미연방정부는 마취술을 이용한 첫 수술이 이루어졌던 이 장소를 '에터 돔(Ether Dome)'으로 명명하며 국가역사유적으로 지정했다. 또한 보스턴시는 10월 16일을 '에터의 날(Ether

Day)'로 선포하고 기리고 있다.

앙브루아즈 파레(Ambroise Paré, ca.1510~1590)는 프랑스에서 태어나 이발소의 견습공 생활로 시작해 근대 외과학의 아버지로 불리는 인물로 성장했다. "나는 상처 난 곳을 잘 감아줄 뿐, 상처는 신이 고쳐준다."는 명언으로도 유명하다. 3년간의 수련 과정을 수료해 외과 의사가 된 그는 1536~1545년 이탈리아 전쟁에 가장 하급 군의관으로 참전했다. 전장에서 총상을 입은 군인을 치료하면서 그의 뛰어난 의술이 알려지기 시작했다. 그의 의술은 심지어 적군의 존경을 받을 정도로 뛰어났다.

16세기 최고 권위의 의서인 『외과실제(Practica in arte chirurgica)』에는 총탄은 독이 있어 해독을 위해 끓는 기름으로 상처를 지지라고 했다. 어느 날 다친 병사가 몰리면서 진영에 치료용 기름이 부족했다. 파레는 일부 병사는 총상에 뜨거운 기름을 부어 치료했지만, 나머지 병사는 달걀노른자, 장미유, 테레빈유를 혼합하여 만든 자신만의 화상 연고로 치료했다. 치료가 진행되면서 기름으로 치료한 병사는 화상으로 상처가 붓고 괴로워했지만, 연고를 사용한 병사는 호전되고 있었다.

파레는 병사를 치료하던 경험에서 기존의 치료 방법에 의구심이 생겼고, 자신만의 새로운 치료법을 개발하고 적용하기 시작했다. 사지 절단 수술에는 동맥을 명주실로 묶는 혈관결찰법을 개발하였다. 「브람빌리어 포격전에서 혈관결찰법을 이용한 앙브루아즈 파레」에서 다리에 외상을 입은 환자의 허벅지를 실로 묶은 후 다리를 절단하기 위해 불로 소독한 톱을 받는 파레의 모습이 성스럽고 위대하게 그려져 있다. 하지만 환자는 아무리 뛰어난 파레에게 시술

이 뽑는 사람 The Tooth-puller
▶ 1651/32×27cm/캔버스에 유화
▶ 얀 스테인(Jan Steen/1626~1679/네덜란드)
▶ 마우리츠하위스 미술관(Mauritshuis(Mh)/ 네덜란드 헤이그)

을 받아도 두 눈을 가린 채 모든 고통을 받아들여야 할 것이다. 전쟁이 끝난 후 파레는 수많은 활약으로 명성을 얻어 그 당시 의사로 가장 명예로운 자리인 국왕 샤를 9세의 수석 외과 자리에까지 올랐다.

13세기 중엽 유럽 최고의 교육기관이었던 파리대학에서는 외과 과정을 완전히 폐지했다. 권력을 쥐고 있던 귀족 출신의 내과 의사가 칼로 살을 째고 피고름을 짜내야 하는 외과시술은 이발사도 충분히 할 수 있는 기술로 격하시켰다. 이에 대학에서는 외과 의사 속성 과정을 만들고 이발사도 참여시켜 외과 의사 자격증을 주게 되었다. 이발사가 외과 의사로 환자를 치료하게 된 것이다. 중세 이발소에서는 이발과 함께 치과 치료, 간단한 외과 수술 등이 함께 이루어졌다. 이와 관련된 흔적은 지금도 주변에서 쉽게 찾아볼 수 있는데, 바로 이발소를 알리는 삼색 기둥이다. 삼색 기둥은 적색, 백색, 청색 띠로 감싸져 있는데, 각각 동맥, 붕대, 정맥을 의미한다. 중세

▶ 샤를 프랑수아즈 펠릭스 Charles-François Tassy, known as Félix(1638~1715)

시대 외과 의사는 환자의 피를 보고 듣기 힘든 신음도 들어야 했지만 낮은 성공률에 비난까지 감수해야 하는 천박하기 그지없는 직업이었다. 당연히 사회적 신분은 보상받지 못했다. 하지만 그런 외과 의사도 사회적으로 주목 받는 사건이 일어났다.

1686년 태양왕 루이 14세(Louis XIV, 1638~1715)는 지독한 치질로 고생하고 있었다. 황제는 앉지도 걷지도 못하고 고통을 호소했다. 궁중 의사인 귀족 출신의 내과 의사는 뜨거운 찜질, 몸의 독소를 제거한다는 관장, 거머리를 이용한 사혈 치료 등을 시술했다. 하지만 황제의 상태는 더욱 악화했다. 궁중 의사도 자신의 안위를 걱정해야만 하는 처지에 이르렀다. 결국 자신들의 희생양이 되어 줄 천박한 신분의 외과 의사를 궁중에 들이게 되었다.

아비뇽 출신의 샤를 프랑수아즈 펠릭스(Charles-François Félix, 1635~1703)는 파리에서 작은 이발소를 운영하고 있었다. 루이 14세의 부름을 받아 치질 수술을 위해 황실로 들어가기는 했지만, 그때까지 치질 수술을 한 번도 해본 적이 없었다. 하지만 황제의 명을 거절할 수 없었던 그는 6개월간의 준비 기간을 요구했다. 펠릭스는 치질 수술 성공을 위해 연구했다. 그 과정에서 일주일에 서너 마리의 기니피그를 대상으로 연습한 후 황실의 후원을 받아 감옥과 시골에서 데려온 75명의 건장한 남자에게 실험했다. 그 과정에서 대부분은 살아남지 못했다. 하지만 이를 통해 펠릭스는 수술 도구와 방법을 개발할 수 있었다.

드디어 1686년 11월 18일 아침 7시 루이 14세의 치질 수술이 시작되었다. 수술은 대성공이었다. 한 달 후 루이 14세는 의자에 앉아 사무를 볼 수 있었고, 3개월 후에는 말도 탈 수 있었다. 후유증이나 합병증도 없었다. 완쾌되어 너무나도 기쁜 나머지 루이 14세는 펠릭스에게 저택과 보상금을 주었다. 무엇보다 그는 왕의 치질을 치료한 의사로서 명성을 얻었고, 곧 프랑스 전역에 알려졌다. 이 소식을 접한 수많은 치질 환자가 그에게 수술을 받으려고 몰려들었다. 그는 엄청난 부와 명예를 한 번에 거머쥐었다. 더불어 외과 의사의 신분도 수직 상승했다. 파리대학은 외과 과정을 다시 개설했다. 그 후 이발사는 외과 의사 역할을 병행하지 못하게 되었다. 1731년 프랑스 왕립외과아카데미가 설립되며, 그의 업적을 기리는 의미로 펠릭스의 초상화를 현관에 걸어 두었다.

흉측한 쇠뭉치가 내 가슴뼈를 잘라내는 순간 비명을 지르기 시작했단다. 비명은 몸이 파헤쳐지는 내내 멈추지 않았어. 그런데 아무 소리도 들리지 않는 거야, 신기하게도. 끔찍하게 아팠어. 수술도구가 치워졌을 때도 통증은 전혀 줄어들 것 같지 않았다. 그리곤 곧 내 가

련한 몸뚱이로 공기가 달려들었는데 날카로운 단도가 갈가리 찢어대는 것 같았어. 이제는 다 끝났다고 생각하는데, 맙소사! 더 무서운 일이 시작된 거야. 이전 건 아무것도 아니었어. 나는 수술 칼이 가슴 속을 샅샅이 긁어내는 것을 느끼고 또 느꼈단다.

- 패니 버니(Fanny Burney, 1752~1840)가 동생에게 보낸 편지 중

1811년 영국의 여류소설가 패니 버니가 4시간에 걸친 수술을 받고 9개월 후 동생에게 보낸 편지 내용이다. 수술로 심각한 트라우마를 가지게 된 것이다. 마취가 없는 수술은 육체적 정신적 후유증이 심각했다. 수술한다는 말을 들은 환자는 도망가기 일쑤였고, 심지어 극단적 선택을 하는 일도 있었다. 더군다나 수술을 하는 도중에 고통으로 사망하는 환자도 많았다.

영국 에든버러의과대학의 외과 수술 강의실도 수업하는 의사나 시술을 받는 환자 그리고 수업을 참관하는 학생 모두 견디기 힘든 장소였다. 수업 중 한 학생이 외과 수술을 보다 못해 결국 강의실을 박차고 나가 버렸다. 그 학생은 다시는 학교로 돌아오지 않았다. 그가 바로 진화론을 확립한 찰스 다윈(Charles Robert Darwin, 1809~1882)이다. 의사였던 아버지 로버트 다윈(Robert Waring Darwin, 1766~1848)은 아들이 자신의 직업을 이어받길 원했다. 1825년 16세의 어린 찰스 다윈은 아버지의 권유를 뿌리치지 못하고 생물학을 더 좋아했음에도 의학과에 진학했다. 그러나 2년 뒤 대학을 떠났다. 만약 외과 수술에 마취제가 조금이라도 일찍 사용되었다면 찰스 다윈이 수술실을 박차고 나가지 않았을지 모르겠다.

모턴의 에터는 1846~1960년까지 무려 110년간 마취제로 사용되

었다. 하지만 에테르는 역겨운 냄새로 환자에게 기침이나 구토를 유발하였고, 긴 수술로 몸의 마비 같은 후유증도 있었다. 특히 산모는 에테르의 역겨운 냄새에 매우 민감하게 반응했다. 1847년 영국의 산부인과 의사인 제임스 심슨(James Young Simpson, 1811~1870)은 달콤한 냄새가 나는 클로로포름(Chloroform)을 연구하다가 잠에 빠지게 되었다. 한참을 자고 깨어난 그는 클로로포름이 새로운 마취제로 사용될 수 있겠다고 생각한다. 그는 이것을 무통 분만과 수술에 사용하였다. 하지만 문제가 생겼다. 종교계에서 이를 반대한 것이다. 여성이 분만 과정에서 겪는 고통은 신의 섭리므로 고통을 없애는 것은 신의 권위에 도전하는 행위라고 주장하였다. 1849년 심슨은 하나님도 아담의 갈비뼈를 꺼내기 전에 아담을 잠들게 했다는 사실을 들어 마취 역시 신의 섭리라 주장했다. 이 논쟁의 막을 내린 것은 4년 후 1853년 영국 빅토리아 여왕이 클로로포름으로 레오폴드 왕자를 무통분만 순산한 사건이다. 이때 여왕을 마취한 의사는 바로 존 스노였다. 여왕은 1857년 막내딸인 베아트리스 공주를 낳을 때도 클로로포름을 사용했을 정도로 무통분만의 열성적 지지자였다. 여왕은 심슨에게 통증을 정복한 자라는 명예와 함께 작위를 내렸다.

　마취의 역사는 사실 오래되었다. 고대 이집트에서는 대마를, 그리스에서는 양귀비로 아편을, 아프리카에서는 코카나무 잎을 사용했다. 하지만 이 마취제는 몸속의 악마를 퇴치하는 주술적 용도로 사용되었다. 유용한 마취술이 등장한 후에도 오랫동안 종교와 맞물려 사용에 한계가 있었다. 기존의 패러다임에서 새로운 패러다임으로 전환되는 과정에는 아무리 새로운 패러다임이 좋다고 하더라도 사회 구성원들 간에 많은 갈등과 타협이 필요하다.

의료 검진 The medical inspection

예술가 툴루즈 로트렉(Henri Marie Raymond de Toulouse-Lautrec-Monfa/1864~1901)
국적 프랑스
제작 시기 1894년
크기 83.5×61.4cm
재료 판넬 위 종이에 유화
소장처 미국 국립 미술관(National Gallery of Art/미국 워싱턴)

6   마법의 탄환을 만들다

> …순옥이가 나간 뒤에 허영은 제가 지금까지 육체관계를 맺은 여성을 하나 둘, 누구누구 하고 세어보았다. 그리고 아현동에서 매독을 올려서 육공육호 다섯 대를 맞은 일을 생각하고 슬그머니 겁이 났다. 허영은 인과의 무서운 손길이 제 목덜미를 사정없이 내리누름을 깨달았다.
>
> — 『사랑』(이광수, 1938) 중

앙리 마리 레몽 드 툴루즈 로트렉 몽파라는 긴 이름에서 그가 귀족 출신임을 알 수 있다. 12세기부터 이어져 온 프랑스의 명문 있는 귀족 가문에서 알퐁스 백작의 장남으로 태어났다. 유독 집안의 사랑을 독차지했지만, 그의 삶은 그리 사랑받지 못했다. 귀족 가문의 혈통을 유지하기 위한 근친 간의 결혼이 문제의 시작이었다. 그의 할머니와 외할머니는 서로 자매였다. 그러니 그의 부모는 서로 사촌 관계다. 역사적으로 수많은 왕족과 귀족 집안에는 늘 근친결혼으로 유전적 결함이 있었다. 그 또한 어려서부터 몸이 약했고, 골격계가 특히 문제였다. 13살에는 오른쪽 대퇴골 골절을, 14살에는 그 반대편인 왼쪽 대퇴골 골절을 입었다. 성장은 152cm에서 멈췄고, 어른의 몸에 짧은 다리로 살아야 했다. 여러 차례의 수술에도 평생

지팡이에 의지해야 했다.

1836년 프랑스 파리 경찰은 매독의 확산을 막기 위해 매춘부를 감옥에 가두기 시작했다. 경찰에 확인된 성매매 여성들은 매주 건강 검진을 받아야 했다. 매독 환자로 의심되는 매춘부는 특별 의무실에 불려가 1분간 내과 의사의 검진을 받았고, 감염이 확인되면 병원으로 이송되었다. 병원에 잡혀간 매춘부는 죄수복을 입어야 했다. 병원에서 그녀들은 잡담을 나눌 수도 없었고, 병문안을 온 지인조차 만날 수 없었다. 1871년에서 1903년 사이 체포된 여성들은 725,000여 명에 달했다. 그의 작품 「의료 검진」에서 매춘부들은 최소한의 인권도 보장받지 못했다. 작품 속 검진을 기다리는 여성의 얼굴에서 긴장감이 느껴진다.

영국은 1864년 전염병법(The Contagious Diseases Act)을 제정했다. 이 법은 두 번의 연장을 거쳐 1886년에서야 폐지되었다. 이 법안은 영국군과 해군에서 성병의 유병률을 줄이기 위해 '공통 매춘부'를 규제하려는 시도였다. 처음에는 수비대 마을과 항구에서 처음 적용되었지만 계속 확대되었다. 전염병법은 매춘 혐의가 있는 여성이 경찰에 등록하고 건강 검진을 받도록 규정하고 있다. 성병 판정을 받은 여성은 '완치(clean)' 판정을 받을 때까지 '감금 병원(lock hospital)'에 갇혔다. 검사에 동의하지 않으면 3개월 징역(1869년 법에서 6개월로 연장) 또는 노역 형을 받았다. 하지만 이 법은 남성에게는 검사를 강요하지 않았다. 이 법은 여성에 대한 부당한 대우로 이어졌다. 결국 영국 국민 사이에서 분노의 목소리가 터져 나왔다. 이 법안에 반대하는 캠페인을 LNA(Ladies National Association)를 설립한 조세핀 버틀러(Josephine Butler, 1828~1906)가 이끌었다. 하지만 운동을 주도한 여성들에게도 매춘부에 대한 편견은 여전히 남아있었다.

프랑스에서는 매독이라는 질병을 일탈, 부도덕, 더러운 질병으로 여겼다. 매춘부는 평범한 가정을 파괴하는 파괴자로 여겨졌다. 로트렉은 그런 매춘 여성과 함께 매음굴에서 살았다. 그곳에서 그녀들을 관찰하고 그렸다. 그곳에 사는 여인들은 대부분 가족 부양을 위해 어쩔 수 없이 매춘을 했다. 장애가 있는 로트렉은 편견 없는 시선으로 그녀들을 바라보았다. 그는 그곳에서 많은 시간을 보내며 사랑하는 여인도 만났다. 작품의 빨간 머리 여인이 그가 사랑한 로란드(Rolande)다. 당연한 일이지만 안타깝게도 그는 36세의 나이에 매독으로 사망했다.

뭉크는 병원에서 죽어가는 아이를 안고 있는 어머니를 관찰했다. 무릎에 놓인 아이는 선천성 매독을 앓고 있다. 어린아이의 몸에 비정상적인 머리, 가는 팔다리, 더군다나 가슴에는 붉은 반점이 있다. 선천적 매독의 전형적 증상이 그대로 드러난다. 아이는 어머니로부터 전염되었을 것이다. 이 여성이 매춘부가 아니라면 남편이 원인이었을 것이다.

여성의 드레스에는 낙엽 무늬가 그려져 있다. 낙엽은 생명력이 사라짐을 상징한다. 또한 배경으로 빨간색, 녹색, 흑색으로 병원 대기실을 표현하며 아기에게 다가오는 죽음을

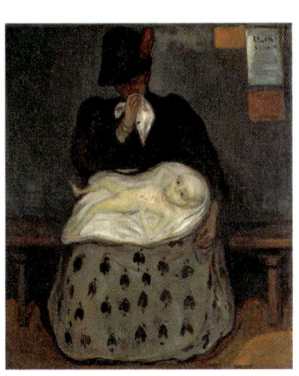

유산 Inheritance
▶ 1897~99/120×141cm/캔버스에 유화
▶ 뭉크(Edvard Munch/1863~1944/노르웨이)
▶ 뭉크 미술관(Munch Museum/노르웨이 오슬로)

표현하였다. 이 작품의 제목이 「유산」이라는 점을 고려한다면 그녀의 붉게 상기된 얼굴을 이해할 수 있을 듯하다. 매독은 개인, 가족, 사회를 병들게 한다.

옛날에는 의사가 매독 치료를 위해 중금속인 수은을 사용했다. 수은이 든 연고를 온몸에 바르고 더운 방에 들어가 모포를 덮어쓰고 땀을 내는 치료를 받았다. 치료 효과는 미미했다. 치료받다가 죽을 수도 있었고, 매우 치명적인 후유증도 문제였다. 환자의 세포는 공격하지 않고 매독균만 선택해 공격하는 마법의 탄환(magic bullet)만 있다면! 독일의 과학자 파울 에를리히(Paul Ehrlich, 1854~1915)는 이 마법 같은 물질을 찾고 싶었다.

에를리히가 연구하던 시기는 코흐를 비롯한 많은 과학자가 세균의 정체를 알아내던 때였다. 세균을 찾으려면 특별한 염색법이 중요하다. 특정 세균을 분류하려면 현미경으로 볼 수 있도록 여러 비슷한 세균 중에서 그 세균만 염색해야 한다. 즉 특정 세균과 특별한 작용을 하는 물질이 존재한다. 그 중 그는 비소 화합물에 관심이 있었다. 비소는 원소 기호 AS로 원자 번호 33번이다. 조선 시대 사약의 성분으로도 유명한 원소다. 그는 독성을 가진 비소가 세균에 달라붙으면 그 세균을 죽일 수 있다고 생각했다.

에를리히는 박테리아가 방출하는 독소와 싸우기 위한 항독소 또는 항체 형성을 설명하는 연구에 관심이 많았다. 그는 곁사슬 이론을 주장했다. 세포의 원형질에 독성 물질과 결합하는 화학적 곁사슬이 있다고 가정했다. 만약 독성의 공격에서 살아남으면 막힌 곁사슬은 새로운 곁사슬로 교체된다고 생각했다. 이런 새로운 곁사슬로 재생되는 과정은 훈련될 수 있고, 이 현상이 바로 면역 과정이라 생각했다. 세포는 많은 양의 곁사슬을 생산할 수 있고, 이것이 바로 혈액을 따라 이동하는 항체라고 설명한다. 그가 처음에 마법의 탄환으로 묘사한 것은 독소에 대한 항체라고 볼 수 있다. 항체가 든 혈청으로 전염병을 치료하는 방법은 그가 생각하는 최고의 치료법이었다. 효과적인 혈청을 발견할 수 없다면 치료제 효과를 가진 곁사슬을 합성할 수 있다고 판단했다. 그의 생각은 일종의 '화학 요법(Chemotherapy)'으로 결국 새로운 마법의 탄환이 되었다.

에를리히는 연구 초기에 아프리카 수면병 치료를 위한 연구를 하고 있었다. 그는 두 기본 뼈대 물질 아르제노사이드(Arsenosides)와 아르제노벤젠(Arsenobenzenes)에 여러 물질을 합성하는 실험을 계속했다. 그 과정에서 아르제노벤젠 계통 물질에서 매독 치료 가능성을 발견했다. 매독균에 걸린 토끼로 실험한 결과 효과를 확인할 수 있었다. 이 실험 과정에서 그의 조수 사하치로 하타(Sahachiro Hata)의 기여가 결정적이었다. 결국 1909년 아르제노벤젠 계열 물질의 6번째 군에서 6번째 물질이었던 아르스펜아민(Arsphenamine)을 찾아냈다.

문란한 성생활에 대한 잔혹한 형벌이었던 매독 치료에 길이 열렸

독일의 200마르크 지폐
▶ 앞면: 에를리히와 살바르산 화합물
▶ 뒷면: 현미경 및 면역 설명에 사용된 독소와 항독소 모식도

다는 소식에 국제의학회장의 이목은 에를리히에게로 쏠렸다. 행사가 열리는 독일의 비스바덴에는 수많은 사람이 몰렸다. 1910년 화학 회사 훽스트(Farbwerke Hoechst)는 매독 환자를 구원하는 물질이라는 뜻을 가진 살바르산(Salvarsan)이라는 이름으로 임상에 들어갔고, 1912년에는 독성을 약화한 네오살바르산(Neosalvarsan)으로 개발되어 판매했다. 사람들은 살바르산을 사려고 몰려들었고, 큰 이익을 얻은 훽스트는 거대 제약회사로 발돋움했다.

유기 비소 화학물인 살바르산은 최초의 항균제이자 현대 의약품의 시초다. 실로 살바르산 606은 매독 치료에 새로운 장을 열었다. 노란색을 띠는 살바르산은 그야말로 마법의 탄환이었다. 하지만 살바르산을 주사하는 과정은 까다로웠다. 약물의 공기 중 노출을 최소로 하여 증류수에 혼합해야 했다. 초기에는 0.3~0.4g 정도를 증류수로 녹여 엉덩이에 주사했다. 하지만 주사 후 심각한 통증을 유발했다. 이후 정맥주사로 전환되었다. 소량을 생리 식염수 300ml 정도에 녹여 한 주에 한 번씩이나 여러 번 주사했다. 그 후에도 수은요법 등을 병행해야 했다. 치료는 쉬운 일이 아니었다. 완치까지 일반적으로 18개월이나 걸렸다. 그 과정에서 비소로 인한 후유증은 어쩔 수 없었다.

살바르산의 매독 치료 과정은 의사의 관리를 받으면서 정교하게 진행되어야 한다. 하지만 일본군은 군인의 생명과 안전 이외에는 관심이 없었다. 일본군은 위안부 여성을 물건 취급했다. 위안부의 건강 따위는 문제되지 않았다. 비소를 함유한 살바르산의 후유증은 예견된 일이었다. 하지만 일본군은 위안부 할머니들에게 팔에 흉터가 남을 정도로 과한 주사를 놓았다. 할머니들은 그들의 막무가내 치료 과정에 시달려야 했다. 전쟁 끝에 살아남을 수는 있었지만, 자식을 못 가지는 등 숱한 후유증을 앓게 되었다.

> 사르바르(살바르산)라고 606호야. 그때 흠집이 있었는데 이젠 다 나이 먹으니까 몇십 년 되니까 이래 조금 남았어 아직도, 이게.
> 그래 갖고 주사를 놓으면 여기 봐, 여기(어느 팔인지) 흠집이 이만큼. 많이 맞았지. 그래 갖고 그래도 떨어지지 않아 갖고 그래서 내가 시원(수은)을 썼잖아.
> 그걸 쐬어 갖고 이렇게 애기를 못 낳잖아. … [수은을] 쐬우는 거야, 밑에 김을 쐬우는 거야. 목만 내놓고 이불을 이렇게 쓰고선.
> — 이옥선 "그 역사를, 첫감에 부끄러워서 얘기를 똑똑하게 못했잖아" 증언집 중

세균을 배양하던 살레에 바람을 따라 날리던 푸른곰팡이 포자 하나가 날아들었다. 푸른곰팡이 포자는 세균이 자라는 배지에서 자랐다. 일반적으로 연구자들은 배양 배지에 곰팡이가 자라면 오염된 배지로 판단하고 그냥 버렸다. 하지만 알렉산더 플레밍(Sir Alexander

페니실린을 발견한 알렉산더 플레밍 Sir Alexander Fleming, Frs, the Discoverer of Penicillin
▶ 1944/62.2×74.9cm/캔버스에 유화
▶ 가베인(Ethel Leontine Gabain/1883~1950)
▶ 대영제국 전쟁 박물관(Imperial War Museum London/영국 런던)

Fleming, 1881~1955)은 달랐다. 그는 눈물과 같은 체액 속에 들어 있던 라이소자임이라는 천연 항생제를 연구했다. 그의 눈에 푸른곰팡이 주변으로 세균이 자라지 못하는 항생작용이 들어왔다. 1928년의 이 사소한 발견은 인류가 세균에 대항하는 강력한 무기인 페니실린이라는 항생제를 개발하는 실마리를 제공했다.

페니실린이라는 마법의 탄환 개발은 순탄하지 않았다. 가장 중요한 대량 생산과 순수 정제는 험난한 길이었다. 1939년에 이르러서야 마침내 호주의 병리학자 플로리(Howard Walter Florey, 1898~1968)와 영국의 생화학자 체인(Ernst Chain, 1906~1979)이 성공했다. 1940년 8월 「란셋」에 페니실린이 전염병 치료에 효과 있다는 사실이 발표되었다. 그리고 마침내 1941년 패혈증으로 죽어가던 환자에게 최초로 페니실린이 투여되었다. 효과는 확실했다. 하지만 충분한 페니실린이 확보되지 않아 그 환자는 결국 죽고 말았다. 관건은 대량 생산이었다. 플로리와 체인은 영국과 미국의 제약회사에 개발을 제안하였다. 2차세계대전으로 수많은 전염병 환자가 발생하여 전쟁에 대한 회의와 반대가 심하던 미국 정부는 결국 그들의 제안을 받아들였다. 그 후 1943년부터 전선에 투입된 페니실린은 수백만 명의 생명을 살렸다. 1945년 플레밍, 플로리, 체인 3명은 페니실린과 다양한 감염성 질환에 대한 치료 효과 발견의 공로를 인정받아 공동으로 노벨상을 받았다.

페니실린 이후 수많은 연구자가 세계의 모든 흙을 연구했다. 흙속에 든 새로운 항생제를 찾아내기 위해서다. 그 과정에서 스트렙토마이신이라는 항결핵제를 찾았다. 매독 치료제도 꾸준히 연구되어 많은 발전이 있었다. 인류는 세균이 체내에 침투해도 세포는 죽이지 않고 세균만 선별적으로 죽이는 마법의 탄환을 얻었다. 하지만 세균도 사람의 공격에 물러서지만은 않았다. 생명은 진화의 역사가 있다. 환경적 저항에 부딪히면 언제나 새로운 길을 모색했다. 세균 중에는 사람이 개발한 모든 항생제에 내성을 지닌 슈퍼 박테리아가 있다. 이 슈퍼 박테리아는 아이러니하게도 항생제를 가장 많이 사용하는 병원이나 수술실에 서식한다. 새로운 항생제 개발 속도가 세균 내성 출현 속도를 따라잡지 못하고 있다.

2008년 노벨생리의학상은 독일의 하랄트 추어 하우젠(Harald zur Hausen, 1936~), 프랑스의 프랑수아즈 바레시누시(Françoise Barré-Sinoussi, 1947~), 뤼크 몽타니에(Luc Montagnier, 1932~)에게 돌아갔다. 하우젠 박사는 여성의 자궁경부암을 유발하는 사람유두종바이러스(Human papillomavirus, HPV)의 발견, 바레시누시와 몽타니에 박사는 후천성면역결핍증(AIDS)을 일으키는 사람면역결핍바이러스(Human Immunodeficiency Virus, HIV)를 발견한 공로가 인정되었다. 노벨상 선정위원회가 사람에 치명적인 바이러스를 발견한 이들 세 과학자에게 상을 수여한 것은 여전히 치료제를 만들지 못한 바이러스 발견 공로 때문이다. 하지만 더욱 강조될 부분은 이 두 바이러스의 감염 전파 방식이 바로 성접촉이라는 점이다. 많은 사람이 노벨상 선정과 관련해 성 매개 질환의 심각성과 경각심을 확산하려는 부가적 의도가 있었을 것으로 생각한다. 21세기 수많은 치료제의 발견에도 매독은 여전히 사라지지 않은 성병이다. 더군다나 매독 환자 수는 증가하고 있고, 선천성 매독도 계속 보고되고 있다. 매독균은 늘 진화를 거듭하며 인류와 함께하고 있다.

 그로스 박사의 임상 강의 Portrait of Dr. Samuel D. Gross, The Gross Clinic

예술가 토마스 에이킨스(Thomas Eakins, 1844~1916)
국적 미국
제작 시기 1875년
크기 244×198cm
재료 캔버스에 유화
소장처 필라델피아 미술관(Philadelphia Museum of Art/미국 필라델피아)

7   생명을 살리다

> 실제 외과수술에서 X-선이 얼마나 중요한 역할을 하였으며, 수술의 성공을 가져왔는지는 우리 모두 잘 알고 있다. 루푸스 같은 피부질환의 많은 경우에도 뢴트겐 선이 효과적이었다는 것을 추가한다면, 뢴트겐의 발견은 이미 인류에게 수많은 혜택을 가져왔다. 따라서, 그에게 노벨상을 수여하는 것이 매우 높은 수준의 업적에 시상하라는 유언자의 의도에 충분히 부합된다고 생각된다.
>
> - 스웨덴 왕립 과학원 원장, C.T. 오드너(C.T. Odhner) 1902년 노벨 시상 연설 중

1865년 8월 11일 7세 소년이 마차에 깔려 정강뼈 부위에 복합 골절을 입었다. 소년은 급히 글라스고왕립진료소로 보내졌다. 그 당시 외과 의학서에 따르면, 다리 절단이 정석이다. 조셉 리스터(Joseph Lister, 1827~1912)는 의사로서 어린 소년의 다리를 자를 수 없었다. 그는 그동안 생각했던 새로운 치료법을 적용하기로 마음먹었다.

리스터는 글라스고대학 의과 교수였을 때, 파스퇴르가 연구한 미생물과 부패에 관한 논문을 읽었다. 파스퇴르는 미생물 제거 방법으로 여과, 열처리 혹은 화학 처리를 제시하였다. 리스트는 파스퇴르가 제안한 미생물 제거 방법을 환자의 상처 치료에 적용해 보려

고 했다. 타르에서 추출되는 석탄산(Carbolic acid, 페놀(Phenol))이 방부제로 사용된다는 점에 착안하여 실험에 사용하였다. 우선 수술 장비, 외과 치료 및 드레싱에 석탄산을 뿌렸다. 결과는 확실히 좋았다. 복합골절을 입은 7살 소년의 치료에는 석탄산에 담근 천 조각을 덮었다. 그랬더니 상처에 감염이 일어나지 않았고, 뼈가 다시 붙는 동안 고름도 생기지 않았다. 석탄산을 이용한 소독은 상처나 화농증의 발생률을 현저히 떨어뜨렸다. 1867년 3월에서 7월까지 자신의 연구 결과를 「란셋」에 연속으로 발표했고, 그의 방법이 소독 원칙이 되었다. 그 후 질병과 세균의 관계가 확인되면서 처음부터 상처에 균이 침투하지 않으면 감염을 피할 수 있다는 사실을 알았고, 무균 수술이라는 개념도 생겼다. 그가 사망한 지 100년이 지난 2012년, 리스터는 의학계에서 '현대 수술의 아버지'로 불리게 되었다.

리스터는 감염을 줄일 수 있는 몇 가지 방법을 제안했다. 첫째 피부를 보호하는 드레싱, 둘째 페놀 미세연무 스프레이, 셋째 고름 등

『Antiseptic surgery : its principles, practice, history and results』(p.71/1882/삽화)
▸ 의사가 수술하는 동안 조셉 리스터가 상처에 페놀을 뿌렸다.
▸ 왓슨 체인(William Watson Cheyne/1852~1932/영국 스코틀랜드)
▸ 웰컴 도서관(Wellcome library/영국)

을 빼는 고무 배수 튜브, 넷째는 피부나 신체 부위를 결합하는 봉합사 등 수술용 재료였다. 또한 그는 외과 의사는 항상 깨끗한 복장을 하고 수술 전후에 페놀 용액으로 손을 씻도록 지시했다. 이러한 리스터의 무균 수술은 수술 환자 사망률을 현격히 감소시켰다. 하지만 이 방식은 그가 1877년에 킹스칼리지병원 외과 교수가 된 후에야 영국에서 정식으로 받아들여지기 시작했다. 그러나 이미 독일 등의 국가에서는 영국보다 적극적으로 리스터의 주장을 받아들이고 있었다. 1876년 그는 미국의 초대로 필라델피아, 보스턴과 뉴욕에서 일련의 강의를 했다. 리스터의 외과적 소독 원칙의 수용 문제가 미국 의학계의 뜨거운 주제였다. 그의 강의는 상처, 세균, 고름 사이의 상관관계에 대한 미국 의사들의 인식에 중요한 변화의 시작을 알렸다. 미국 의사들은 의심의 눈초리로 리스터를 바라보았지만, 분명 그의 방문은 의학의 역사에서 중요한 이정표가 되었다.

미국 필라델피아의 토마스 에이킨스(Thomas Cowperthwait Eakins, 1844~1916)는 19세기 후반에서 20세기 초반까지 미국 미술 역사에 영향을 준 중요한 인물 중 하나다. 사실주의 화가로 자신의 고향인 필라델피아의 삶을 화폭에 옮기는 작업을 많이 했다. 그래서 지역민의 사랑을 많이 받았다. 에이킨스는 "내 삶은 내 그림 안에 모두 들어 있다."고 말할 정도로 자신의 고향을 아꼈다. 하지만 그 당시에는 그의 작품이 큰 호응을 얻지 못했다.

「그로스 박사의 임상 강의(The Gross Clinic)」은 필라델피아 토머스 제퍼슨대학교 의과 대학에서 그로스 박사가 임상 강의하는 장면을 사실적으로 묘사한 작품이다. 이 작품에서 매스를 들고 수술의 진행 과정을 설명하는 사람이 바로 그로스 박사다. 환자의 머리맡에

자화상 Self-portrait
- 1902/76.2×63.5cm/캔버스에 유화
- 토마스 에이킨스(Thomas Eakins/1844~1916/미국)
- 국립 디자인 아카데미(National Academy of Design/미국 뉴욕)

는 마취 상태를 확인하는 조수가 있다. 환자의 옆에는 수술 과정을 집도하는 의사와 철로 만들어진 수술 도구를 이용해 환부를 열고 있는 조수도 사실적으로 묘사되어 있다. 특히 그로스 박사 뒤에 검은 옷을 입은 여인은 차마 수술 광경을 지켜보지 못한다. 오그라든 손가락이 그녀의 감정을 대변한다. 작품에는 에이킨스 자신도 있다. 복도에 기대어 서서 수술 광경을 지켜보고 있는 사람이 바로 그다. 에이킨스는 대학에서 인체 해부 과정을 수강하는 등 의학에도 관심이 많았다.

  에이킨스는 필라델피아에서 일어난 중요한 일들을 그림으로 많이 남겼다. 그런데 그는 수많은 주제 중에서 왜 하필 피가 흐르는 외과 수술 장면을 택했을까? 그의 사실적 수술 장면은 지금 보아도 의아한 느낌이 드는데, 19세기 말 당시 사람들의 눈에는 오죽했을까. 실제로 「그로스 박사의 임상 강의」는 사람들에게 큰 충격을 주었고 많은 논란을 일으켰다. 이 그림은 1876년 필라델피아에서 열린 「미국 독립 100주년 기념 국제전」에 출품했지만 미술 분과 심사 위원회에서 거부당했다.

「그로스 박사의 임상 강의」는 1878년 토머스제퍼슨대학이 구매하여 전시해 오던 작품이다. 대학은 2006년 11월에 6,800만 달러(약 735억 원)에 그림을 매각하려 했다. 워싱턴국립미술관과 아칸소주에 있는 크리스털브리지미술관은 이 작품의 구매 의향을 밝혔다. 이에 필라델피아 문화계는 화들짝 놀란다. 「그로스 박사의 임상 강의」는 에이킨스의 대표작이다. 지역 사람들은 지역 대표 화가의 대표 작품이 필라델피아를 떠나는 것을 강력히 반대했다. 작품의 유출을 막기 위해 필라델피아 지역 사회에서 모금 운동이 벌어졌다. 이참에 그림을 구매해 지역 미술관에 전시하는 것이 목표였다. 하지만 3,600여 명의 기부자로 그 큰 금액을 모금할 수 없었다. 그러자 미술계가 나섰다. 필라델피아미술관과 펜실베니아미술아카데미 측은 모자라는 기금을 마련하기 위해 소장하고 있는 다른 에이킨스 작품들을 매각했다. 필라델피아미술관에는 이미 「그로스 박사의 임상 강의」 습작과 에이킨스의 또 다른 수술 장면인 「애그뉴 박사의 임상 강의」가 있었다. 미술관은 이 두 작품을 함께 전시하고자 했고, 결국 이 두 작품은 현재 필라델피아미술관이 소장하고 있다. 이러한 과정을 거치면서 「그로스 박사의 임상 강의」는 세계적으로 고가에 거래된 현대 미술 작품이 되었다.

「그로스 박사의 임상 강의」는 리스터가 미국을 방문하기 전인 1875년 작품이다. 반면에 「애그뉴 박사의 임상 강의」는 리스터가 미국을 방문한 후인 1889년 작품이다. 이 두 작품에는 약 14년의 시간차가 있다. 두 작품을 비교하면 그 기간에 일어난 의학적 변화를 확실히 찾을 수 있다. 바로 의사가 흰 가운을 입고 굉장히 밝은 곳에서 수술한다는 점이다. 의사와 간호사가 흰 가운을 입기 시작한 것이 19세기 말 즈음이다. 렘브란트의 1632년 작 「니콜라스 튈러프의 해부학 강의」 등을 보면 등장 인물은 주로 검은색 옷을 입고 있다. 병원에서 간병과 간호를 도운 것은 주로 종교인이었다. 많은 사제가 검은색의 사제복을 입고 있었기 때문이다.

마취, 소독, 세균의 발견 등으로 의학이 미신이나 비과학적 영역에서 완전히 탈바꿈하게 되었다. 의사들은 스스로 자신들을 과학자로 생각했고, 과학자가 입던 실험복을 입기 시작했다. 특히 흰색은 청결함 혹은 고결함과 같은 심상을 주므로 의사에게 적합했다. 더러운 부분이 쉽게 눈에 띄어 청결을 유지하는 데도 도움이 되었다.

처음부터 석탄산 사용에는 몇 가지 문제가 있었다. 석탄산은 유기 용매다. 피부나 상처에 영향을 주며 때로는 중독을 일으킨다. 외

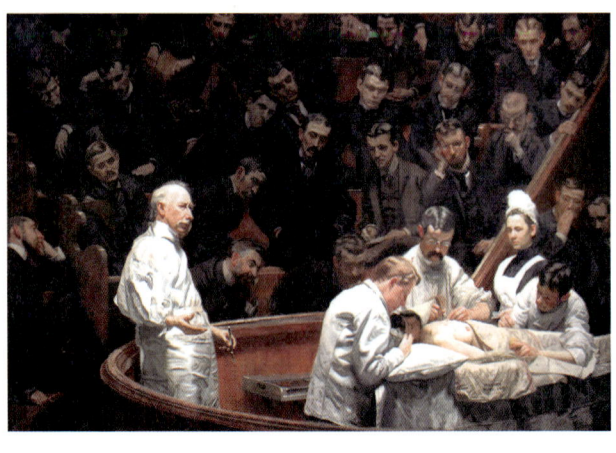

▶ 애그뉴 박사의 임상 강의 The Agnew Clinic
▶ 1889/214×300cm/캔버스에 유화
▶ 토마스 에이킨스(Thomas Eakins/1844~1916/미국)
▶ 필라델피아 미술관(Philadelphia Museum of Art/미국 필라델피아)

과의조차도 피부 표백과 함께 무감각해지거나, 손톱은 금이 갔고, 다량의 석탄산을 흡입하면 폐도 상처를 입었다. 일부 외과의는 너무 아파서 분사기 사용을 완전히 포기했다. 리스터조차도 그것을 '더 큰 선을 위해 필요한 악'이라고 묘사했다. 이후 그는 붕산이 더 나은 소독제임을 발견했다.

1895년 의학에 획기적인 빛이 발견되었다. 바로 X-선이다. 독일의 물리학자 빌헬름 뢴트겐(Wilhelm Röntgen, 1845~1923)은 검은 종이로 감싼 크룩스관을 이용해 방전 실험을 하던 중 바륨 플라티노시아나이드로 칠한 형광 스크린에 녹색 빛이 나는 것을 발견했다. 그는 크룩스관에서 일부 보이지 않는 광선이 나온다는 것을 깨닫고, 다른 물질도 통과할 수 있는지 확인했다. 그 과정에서 아내 손을 찍었을 때, X-선이 의학적으로 사용될 수 있음을 알았다.

X선이 의료용으로 처음 시도되기까지 1년도 채 걸

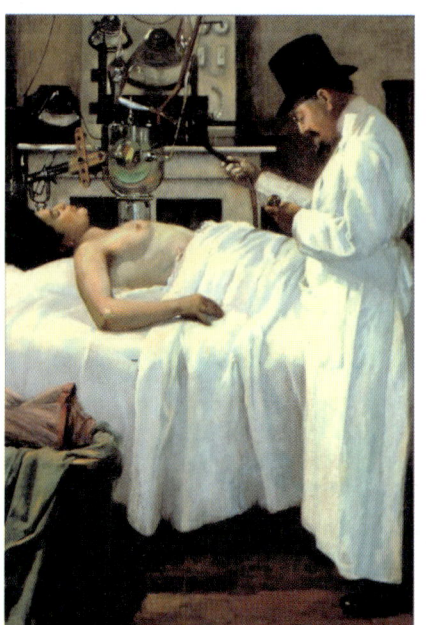

X-선을 이용한 암 치료의 첫 시도 The First Attempt to Treat Cancer with X Rays
▶ 1907/124×100cm/캔버스에 유화
▶ 치코노(Georges Chicotot/1855~1937)
▶ 빈민구제 박물관(Musée de l' Assistance Publique–Hôpitaux de Paris/프랑스 파리)

리지 않았다. 투시와 방사선 촬영은 진단 분야에 즉각적이며 안전한 새로운 가능성을 열어주었다. 그 후 병든 조직을 파괴할 수 있는 치료 목적으로도 이용되기 시작했다. 바로 방사선 요법이다.

「X-선을 이용한 암 치료의 첫 시도」의 작가가 바로 그림 속 의사 치코토 본인이다. 그는 미술을 공부하던 1877~1913년까지 프랑스 예술박람회에 전시했고, 그 과정에서 의학 공부를 하며 해부학에 몰두했다. 1899년 이후 브로카병원을 시작으로 1914년 방사선 연구소 소장이 되었다. 과학자로서 객관적이고 정확하게 초창기 방사선 치료 모습을 남겼다.

작품은 수평과 수직의 구도로 되어있다. 주인공 의사는 수직으로 환자는 수평으로 놓여 있다. 환자의 위로는 다시 수직으로 방사선 치료기가 놓여 있다. 유리관에는 황녹색 빛이 보인다. X-선이 환자의 암 조직에 조사되고 있다. 그는 오른손에 전류 세기를 조절하는 가스 캐눌라를 들고, 방사선 조사 시간을 측정하고 있다. 사실 그 시기 의사들은 방사선의 특성을 정확히 알지 못했다. 1897년에는 30분, 1899년에는 10초 정도로 노출했다. 현대 의학의 측면에서 이 장면은 매우 위험하다. 방사선 보호 조치가 전혀 없다. 방사선 보호 조치에 대한 권고는 1904년에 방사선학의 선구자였던 앙투안 베클레이(Antoine Beclere, 1856~1939)에서 시작했다. 그의 권고에 따라 독일에서는 납으로 덮인 관이나 방, 안경, 장갑 등을 사용하기 시작했다. 보호 조치는 1922년이 되어서야 의무화되었다. 그림 속 의사 치코토는 그 당시 수많은 방사선 전문의처럼 1921년 방사선 과다 노출로 인한 방사선 피부염으로 사망했다.

수술의 또 다른 획기적인 발견은 수혈이다. 1901년 오스트리아의

주사 맞기 전 Before the Shot
- 1958/73.5×68.5cm/캔버스에 유화
- 노먼 록웰(Norman Rockwell/1894~1978/미국)
- 개인소장

카를 란트슈타이너(Karl Landsteiner, 1868~1943)는 적혈구와 혈청의 응집 반응으로 혈액형을 분류하였다. 이는 전쟁터의 부상병이나 심한 출혈 환자를 수혈로 살릴 방법을 제시한 것이다. 이 연구 결과로 1930년 노벨 의학생리학상을 받았다. 하지만 수술 중 수혈이 일반화되기까지는 혈액의 응고를 막고 오랫동안 유통할 수 있는 포장과 냉장 기술의 발달이 필요했다. 수혈이 일반화되면서 또 다른 문제도 발생했다. 바로 에이즈, 매독, 간염 등 많은 질병도 함께 전달될 수 있다는 점이다. 현재 대한적십자에서는 안전한 혈액을 공급하기 위해 혈액형뿐 아니라 매우 다양한 검사를 진행한다. 수혈은 이제 과학 기술의 발전으로 혈액 성분 전부를 줄 수도 있고 일부만 추출해 줄 수도 있다.

의학의 비약적인 발전 이후에 의사는 환자의 생명을 지킬 수 있는 다양한 방법을 가지게 되었다. 이제 환자들은 노먼 록웰의「주사 맞기 전(Before the Shot)」에서처럼 의사의 학위에 더 관심을 가지게 되었다. 소독과 마취 그리고 진단 기술의 발달로 의학 분야는 눈부신 발전을 거듭하고 있다. 하지만 아직 많은 질병이 그 원인과 조기진단의 어려움으로 치료에 어려움이 많다. 더 많은 환자가 자신의 생명을 구해 줄 새로운 발견을 기다리고 있다.